AGRICULTURE

ou

DIALOGUE AGRICOLE,

DÉDIÉ

Aux fils des Cultivateurs du canton de Montbard,
des arrondissements de Semur et Châtillon ;

Par FRANÇOIS GELEZ,

PROPRIÉTAIRE AGRONOME, MEMBRE DU CONSEIL GÉNÉRAL DE LA CÔTE-D'OR
ET PRÉSIDENT DU COMICE AGRICOLE DU CANTON DE MONTBARD,

SEMUR,

IMPRIMERIE DE BUSSY, SUCCESSEUR DE LEREUIL,

1839.

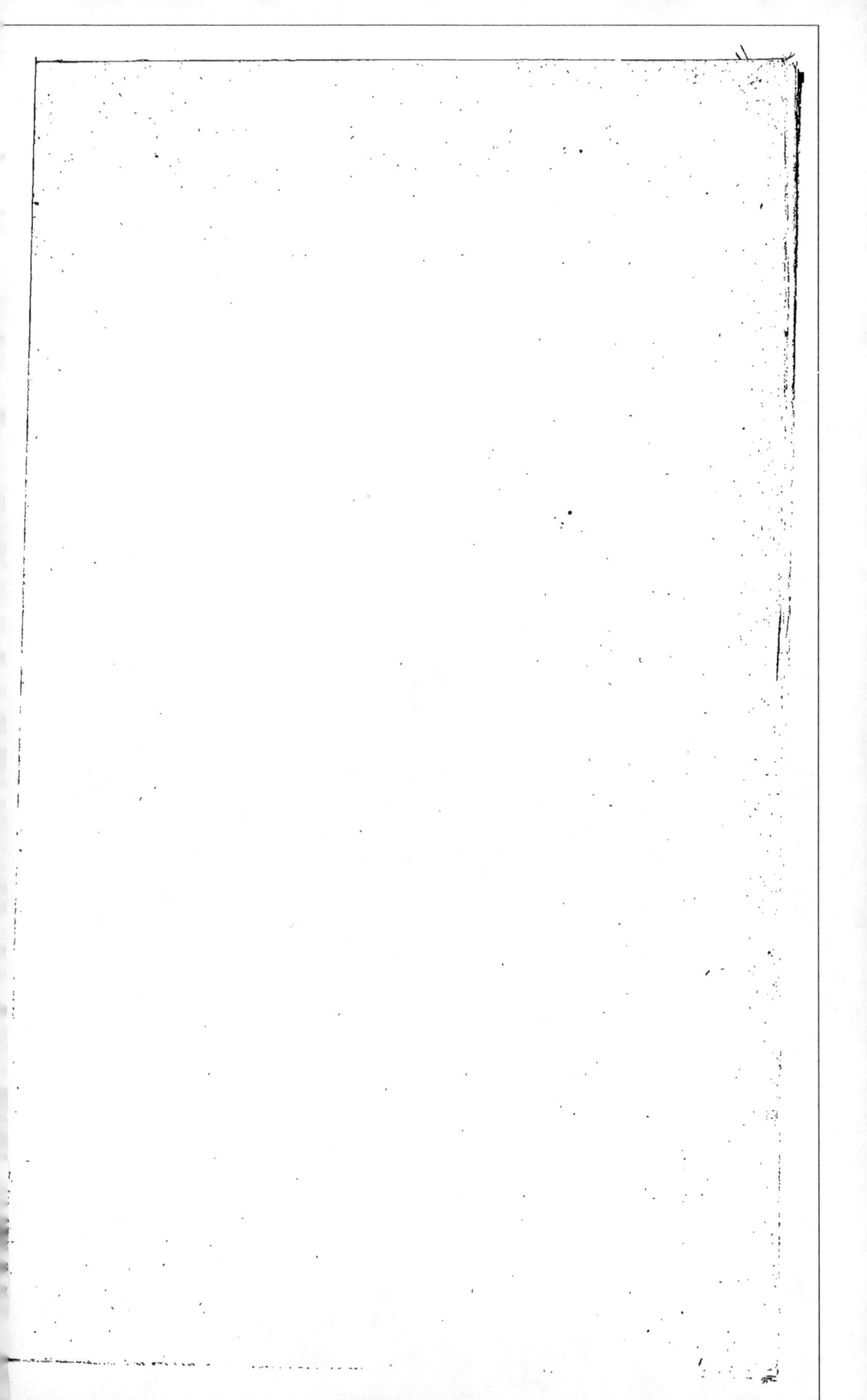

$\int$

2568

MANUEL

D'AGRICULTURE

OU

DIALOGUE AGRICOLE.

MANUEL

D'AGRICULTURE

OU

DIALOGUE AGRICOLE,

DÉDIÉ

AUX FILS DES CULTIVATEURS DU CANTON DE MONTBARD,

DES ARRONDISSEMENTS DE SEMUR ET CHATILLON.

Par FRANÇOIS GELEZ,

PROPRIÉTAIRE-AGRONOME, MEMBRE DU CONSEIL GÉNÉRAL
DE LA CÔTE-D'OR ET PRÉSIDENT DU COMICE AGRICOLE
DU CANTON DE MONTBARD.

SEMUR,

IMPRIMERIE DE BUSSY, SUCCESSEUR DE LEREUIL.

1839.

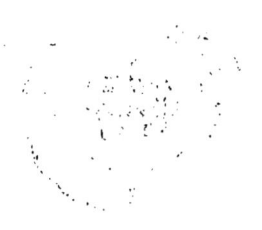

INTRODUCTION.

L'Agriculture, dans notre canton, n'a été jusqu'à présent qu'un métier de manœuvre ; depuis des siècles il n'a rien été changé au système routinier qu'on voit encore en usage parmi nous. C'est un legs que les fils ont reçu de leurs pères et qu'ils ont transmis avec d'autres préjugés à leurs enfants.

Cependant, plusieurs propriétaires éclairés ont essayé de propager une méthode meilleure et plus en rapport aux besoins de la population ; il a fallu lutter avec les préjugés des ouvriers laboureurs, subir même leurs critiques si les essais n'ont pas été toujours heureux. Quelques-uns ont été découragés, d'autres ont poursuivi avec persévérance leur utile entreprise, et déjà le canton de Montbard montre des dispositions à secouer le joug de la routine.

Mais ce qui s'opposera long-temps encore aux améliorations possibles, c'est le défaut d'instruction parmi les Laboureurs ; jusqu'à ce jour aucun ouvrage d'Agriculture n'a paru dans les écoles de villages, et l'on a lieu d'être étonné lorsqu'on voit qu'un jeune homme destiné à l'Agriculture ne reçoit aucune notion propre à le diriger dans ce métier si difficile et si lucratif quand il est bien entendu.

A la vérité, beaucoup d'ouvrages traitant savamment de l'art Agricole ont été imprimés, mais aucun n'est à la portée des jeunes villageois, et la classe la plus nombreuse et la plus intéressante des Agriculteurs, reste privée d'une instruction spéciale.

Ces considérations m'ont engagé à publier, sous la forme de Dialogue, les expériences que j'ai faites pendant quarante-cinq années de pratique et vingt-cinq d'observations, tant sur les territoires d'Arran, de Verdonnet et d'Asnières, arrondissement de Châtillon, que sur ceux de Montbard et à la ferme du Pressoir, commune de Fresnes, canton de Montbard, arrondissement de Semur. Pendant vingt-cinq années que j'ai cultivé dans l'arrondissement de Châtillon, j'en passai quinze à suivre en quelque sorte l'ancienne routine, après lesquelles j'ai adopté un nouveau mode d'ensemencement. J'ai mis un cinquième au moins de mes terres en prairies artificielles, ce qui m'a permis de nourrir cinq fois plus de moutons que je n'avais pu le faire jusqu'alors, et ce qui a fait ainsi doubler mes bénéfices les dix dernières années que j'ai cultivé tant sur le territoire de Montbard que sur celui de

Fresnes, sur un nouveau mode, en supprimant totalement les jachères. Les avantages que j'ai tirés tant du produit des terres que du produit des animaux que j'ai pu nourrir, m'ont prouvé jusqu'à l'évidence l'inutilité de la jachère, et m'ont démontré qu'en faisant produire les terres chaque année on peut les améliorer très-sensiblement, par une plus grande quantité d'engrais en faisant consommer tous les fourrages que l'on peut se procurer. Les Primes distribuées au Comice agricole de Montbard, en 1835 et 1837, aux cultivateurs qui avaient ensemencé le plus de prairies artificielles dans les terres destinées à la jachère, ont prouvé déjà que beaucoup de cultivateurs de notre canton en ont senti les avantages, puisque, parmi les concurrents, plusieurs ont ensemencé plus de moitié de leurs terres en prairies artificielles.

C'est à vous, jeunes élèves, qu'il appartient de finir le grand œuvre. Plus éclairés sur les vrais principes que ne l'étaient vos pères, vous entrerez plus hardiment dans les voies d'amélioration; vous les comprendrez d'autant mieux que vous aurez pour exemples des faits que vous serez à même d'apprécier; vous les mettrez vous-mêmes en pratique, et les résultats vous feront bannir toute hésitation et porteront la conviction dans vos esprits. N'oubliez pas, mes jeunes amis, que du commencement de votre

carrière dépend le bonheur de votre vie. C'est
dans votre jeune âge que vous devez apprendre
à connaître les principes d'ordre, de travail
et d'économie, essentiellement utiles en agriculture ; avec ces principes, une bonne direction, une comptabilité régulière, vous vous
assurerez, ainsi qu'à votre famille, un avenir
heureux ; mais ces devoirs ne sont pas les seuls
que vous aurez à remplir, vous devez traiter
vos domestiques comme s'ils étaient vos enfants,
les diriger vers le bien, leur donner quelques
encouragements lorsqu'ils les auront mérités,
et s'ils s'écartent de leurs devoirs vous devez
les y ramener en les traitant avec douceur et
bonté. Ces moyens sont capables de vous les
attacher et de les rendre soumis à vos ordres.
Vous devez aussi respecter les propriétés de vos
voisins, en préservant leurs récoltes des dégats
que pourrait leur causer votre bétail. Il est
encore de votre devoir de vous entr'aider au
besoin en vous prêtant soit des outils aratoires,
soit des étalons capables d'améliorer vos troupeaux, soit enfin en accordant quelques secours
à celui d'entre vous qui aurait eu à supporter
quelques sinistres lorsque vous aurez été épargné.
Par ces moyens, vous entretiendrez la bonne
harmonie entre vous, et les relations amicales
que vous aurez fréquemment, vous mettront à
même de vous communiquer les améliorations
que vous aurez obtenues.

Le Manuel

Traitera des différents Objets, dans l'ordre suivant :

PREMIÈRE PARTIE.

DEUXIÈME PARTIE.

TROISIÈME PARTIE.

Questions sur l'Économie Rurale.

PREMIÈRE PARTIE.

CHAPITRE I.

D. *Qu'est-ce que l'Agriculture?*

R. C'est l'art de cultiver, amender, fumer les terres et de leur faire rendre le plus de produit possible, tant en céréales, qu'en autres plantes, racines et prairies artificielles indispensables pour nourrir un nombreux bétail.

D. *Quelles Connaissances doit avoir un bon Agriculteur?*

R. Il doit connaître :

1° L'Agronomie qui consiste en théorie agricole;

2° L'Horticulture ou l'art du Jardinage qui se rapproche le plus de la petite culture et qui prouve l'inutilité de la jachère;

3° L'Arboriculture concernant les soins à donner aux arbres des jardins et vergers, aux arbres forestiers et aux plantations de différentes espèces de bois que l'on peut faire sur la partie des terrains impropres à la culture ;

4° L'Arpentage, afin de pouvoir mesurer, lui-même, les terres qu'il fait moissonner à un prix convenu par journal ;

5° Quelques notions de l'art Vétérinaire, afin de pouvoir donner les premiers soins à l'animal malade ;

6° Les notions, en Chimie, nécessaires pour analyser les différentes terres qui composent son domaine, et en connaître les parties, tant pour le sol arable, que pour le sous-sol ; c'est alors qu'il pourra opérer utilement le défoncement et appliquer, avec certitude, les amendements et les fumiers les plus convenables à chaque espèce de terre.

CHAPITRE II.

DES DIFFÉRENTES SORTES DE TERRES DANS LE CANTON DE MONTBARD, ET DE LEUR COMPOSITION.

D. *Combien y a-t-il de sortes de Terre dans le canton de Montbard ?*

R. Il y en a cinq sortes, savoir : les Terres d'Alluvion, les Terres Calcaires, les Terres Siliceuses, les Terres Sableuses et les Terres Argileuses. Il existe encore, dans l'arrondissement de Semur, des Terres Graniteuses ; (cantons de Semur, de Précy et de Saulieu.)

D. De quoi sont composées les Terres d'Alluvion?

R. Les terres de notre canton sont composées, en grande partie, des débris des terres de coteaux des cantons de Vitteaux et de Flavigny, consistant en humus ou terre végétale, en carbonate de chaux, en silice, alumine, graviers et oxide de fer.

Ces terres sont sujettes aux inondations.

D. De quoi sont composées les Terres Calcaires?

R. De carbonate de chaux, en partie pierre et gravier, d'humus, de silice et d'alumine.

D. De quoi sont composées les Terres Siliceuses?

R. De silice, qui est la partie dominante, de carbonate de chaux, d'alumine, d'oxide de fer, d'humus et d'un peu de gravier calcaire.

D. De quoi sont composées les Terres Sableuses?

R. De sable ou gravier qui est la partie dominante, d'un mélange d'humus, de chaux et d'alumine, et dans quelques endroits d'une petite partie d'oxide de fer.

Ces sortes de terrains sont peu communs dans le canton de Montbard.

D. *De quoi sont composées les Terres Argileuses ?*

R. Quoiqu'on donne à ces sortes de terres le nom d'argileuses, il est rare que l'argile domine dans les terres arables ou de culture ; elles contiennent généralement plus de silice que d'alumine ; elles contiennent encore du carbonate de chaux, de l'humus et de l'oxide de fer presque généralement quoiqu'en petite partie. On appelle encore ces terres, argilo-calcaires, argilo-ferrugineuses et argilo-siliceuses.

D. *Qu'est-ce que l'Humus ?*

R. C'est le résidu de la composition des végétaux et des animaux que la culture et les engrais ont déposés dans la terre ; on le nomme aussi terreau végétal ; c'est une substance noirâtre, légère, sentant le moisi par le contact de l'air et de l'humidité. L'Humus est rendu soluble et susceptible d'être absorbé par les plantes dont il forme la principale nourriture ; exposé à l'air, il absorbe plus d'humidité que les autres éléments du terrain, il décompose l'air atmosphérique et absorbe une plus grande quantité d'oxigène, il est aussi plus facile à s'échauffer ; il est, par conséquent, le principe le plus important du sol arable qui lui doit sa fertilité ; il contient de l'oxigène de l'azote et du carbone.

D. *Qu'est-ce que l'Oxigène ; qu'est-ce que l'Azote ; qu'est-ce que le Carbone ?*

R. L'Oxigène ou air vital fait partie sous mille formes de la substance des animaux et des végétaux ; il alimente la respiration des uns, il préside à la germination et au développement des autres ; il est un des agents les plus actifs de la vie.

L'Azote est un gaz simple comme l'Oxigène ; ses effets sur la végétation sont beaucoup moins appréciables ; on suppose généralement qu'il est plutôt destiné à tempérer, par sa présence, la trop grande énergie de l'Oxigène et propablement des autres gaz nutritifs, qu'à agir par lui-même.

Le gaz acide carbonique est le résultat de la combinaison de l'Oxigène avec le Carbone et l'élément du charbon.

D. Qu'est-ce que le Carbonate de chaux?

R. Le Carbonate de chaux dont la présence et les proportions déterminant la dénomination donnée à divers sols de calcaire, marne, albâtre, pierre, sable, etc., est composée d'oxide de calcium (chaux) combiné avec l'acide carbonique; ce dernier acide étant susceptible d'être séparé et volatilisé par une haute température, permet d'obtenir la chaux par une simple calcination du carbonate.

On rencontre le carbonate de chaux, sous mille formes, dans la nature ; il est en plus ou moins grande quantité dans les différentes terres; il agit puissament sur la végétation des plantes.

lorsqu'il se trouve dans les proportions convenables.

D. *Qu'est-ce que la Silice ?*

R. C'est une espèce de sable fin, dur au toucher ; il est la base du silex, (pierre à fusil.) Du sable, du grès, du quartz, etc.

Il existe en très-grande quantité dans les terres fortes de notre canton ; il y a des terres à la ferme du Pressoir qui en contiennent 73 parties sur cent, et quoiqu'elles ne contiennent que quatorze pour cent d'alumine, ces sortes de terres sont considérées, comme étant des plus compactes du canton.

Une bonne terre à blé, appartenant à cette ferme, contient 13 parties de gravier, 3 parties d'humus, 20 parties de carbonate de chaux, 10 parties et demie d'alumine, 50 et demie de silice, une demi-partie d'oxide de fer, 2 et demie absorption.

D. *Qu'est-ce que l'Alumine ?*

R. L'alumine se compose de terre d'argile pure, base de l'alun, elle est, à l'état de pureté, une poudre blanche, impalpable, sans odeur, happant à la langue, insoluble dans l'eau.

L'alumine se rencontre dans tous les terrains, en moins grande quantité dans les terres légères que dans les terres fortes, elle est toujours mêlée à d'autres espèces de terre et à des métaux ;

elle domine dans les terres fortes auxquelles on donne la classification de terres argileuses ou glaiseuses.

D. Quest-ce que l'Oxide de fer?

R. L'oxide de fer est le produit de la combinaison de l'oxigène et du fer, il est d'un aspect terreux, noir, brun ou orange; il se rencontre ordinairement mêlé à l'argile et en trop petite quantité pour altérer, par sa présence, la propriété du terrain; seulement, en modifiant sa couleur, il le rend susceptible de s'échauffer plus facilement.

Toutes les terres seraient blanches, sans la présence de l'oxide de fer, elles s'échaufferaient beaucoup moins, car la couleur blanche réfléchit les rayons solaires, et les couleurs foncées les absorbent.

Dans les pays froids, les terres rouges sont regardées comme les plus fertiles.

CHAPITRE III.

DES PLANTES EN GÉNÉRAL.

D. Combien y a-t-il de sortes de Plantes?

R. On en compte sept, qui sont : les Céréales,

2

les Farineux, les Plantes Fourragères, les Racines, les Plantes Oléagineuses, les Plantes Teinctoriales, les Plantes à Épices,

D. *Qu'est-ce que les Céréales ?*

R. Les Céréales comprennent le Froment de différentes espèces d'hiver et de printemps, le Seigle, l'Orge hâtive nommée Escourgeon, l'Orge du printemps, l'Avoine de différentes espèces d'hiver et de printemps, le Maïs et le Millet.

D. *Qu'est-ce que les Plantes Farineuses ?*

R. Les Plantes Farineuses comprennent : les Pois d'hiver et de printemps, les Vesces d'hiver et de printemps, les Fèves d'hiver et de printemps, les Lentilles d'hiver et printemps, les Gesses, les Haricots et le Sarrazin.

D. *Qu'est-ce que les Plantes Fourragères ?*

R. Les Plantes Fourragères comprennent le Foin récolté sur les prairies naturelles, le Trèfle, différentes espèces de Luzerne, le Sainfoin, la Spergule, Fromental, le Rai-Gras d'Italie, la Chicorée sauvage, le Chou cavalier et le Chou cabus, la Laitue, etc.

D. *Qu'est-ce que les Fourrages Racines ?*

R. Les Fourrages Racines comprennent : les Pommes de terre, les Topinambours, les Betteraves, les Navets, les Panais, les Carottes, etc.

D. *Qu'est-ce que les Plantes Oléagineuses ?*

R. Ce sont : le Colza, la Navette, la Caméline, le Pavot, la Moutarde, le Chanvre, etc.

D. Quest-ce que les Plantes Teinctoriales ?

R. C'est : le Pastel, la Gaude et la Garance.

D. Qu'est-ce que les Plantes à Épices ?

R. Le Houblon et le Chardon à foulon.

CHAPITRE IV.

DES OUTILS ARATOIRES.

D. Quels sont les Outils Aratoires nécessaires en agriculture ?

R. 1° Les Charrues de toutes espèces les Herses, les Extirpateurs, les Rouleaux, etc.

2° Les Charrettes ou Chariots, Tombereaux, Brouettes, Civières, etc.

3° Les Machines à battre les grains, le Tarare, le Cylindre, etc.

D. Quelles sont les meilleures Charrues ?

R. Partout on entend vanter comme étant la meilleure, la Charrue dont on fait usage dans son pays. Pour moi qui ai essayé un peu de toutes, je citerai comme préférables :

1° La Charrue Dombasle pour les défoncements, la Charrue Rosé pour les fortes terres, la Charrue Américaine pour les labours de plaines et de terre meuble, ces sortes de Charrues sont sans avant-train, vient ensuite la Charrue Meugnot, son avant-train fait bon usage en montagne et en plaine. C'est la Charrue de nos pays Perfectionnée. On doit avoir dans une exploitation autant de Charrues qu'en exige les différentes sortes de terres dont se compose le Domaine que l'on exploite.

Celles qui fonctionnent bien avec peu de trait doivent être préférées, il existe des terres qui ne permettent pas de se servir de toute espèce de Charrue, à cause des difficultés que présente le terrain rempli de pierres ou de roche qui briserait au premier choc les Charrues légères; on se trouve forcé d'en faire confectionner une appropiée à ce sol.

D. *Combien le cultivateur doit-il avoir de Herses ?*

R. Il doit en avoir au moins trois, savoir : la Herse en fer à couteau pour les terres fortes, la Herse en fer carré ou rond et la Herse en bois pour les terres meubles, et pour l'ensemencement des prairies artificielles. Il doit aussi avoir un fort Rouleau et un **Extirpateur** qui est très-utile pour les terres de plaine.

D. *Quelles sont les Charrettes que l'on doit préférer en agriculture ?*

R. Les petits Chariots à quatre roues, sont bien préférables. Deux petits Chariots attelés de chacun un cheval conduiront plus de fourrages, de fumiers, etc. qu'une seule charrette attelée de trois chevaux; elles facilitent le chargement et le déchargement, et sont moins susceptibles de renversement. On doit avoir un ou plusieurs Tombereaux, différentes Brouettes à barre et à coffre ainsi que des Civières pour transporter les fumiers des étables, etc.

D. Quelles sont les Machines à battre à préférer ?

R. On en fabrique de différentes dimensions : les unes dans les prix de 360 fr. les autres dans les prix de 500 fr. et de 800 fr. Celles de 360 fr. se fabriquent en Loraine, la fonte est mal épurée et sujette à casser. Celles de 500 fr. fabriquées à Coulmier par Lexcellent, sont mieux traitées, d'une meilleure fonte et parconséquent plus solides ; elles sont préférables pour une moyenne culture, elles battent environ 50 à 60 doubles décalitres dans les jours d'hiver; elles peuvent fonctionner avec un cheval.

Dans une grande culture on devra prendre une grande Machine.

On doit aussi avoir un Tarare qui coûte de 50 à 60 fr. Ces sortes de Machines sont en quelque sorte indispensables en agriculture, elles facilitent le Battage pour les semences en économisant les bras. Elles éclaircissent le blé dans lequel il se

trouve de la carie, et dégagent la paille de la
poussière toujours nuisible à la santé du bétail
qui la consomme; il en est de même du Tarare
servant à vanner le blé, en le séparant des balles
dégagées de poussière sans en perdre un grain,
j'estime que le prix de ces deux Machines est
remboursé dans une moyenne culture, dans
moins de deux années, on peut considérer que la
perte par le battage au fléau et le vannage à la
main est au moins de 3 à 4 pour cent;
on doit aussi avoir un Cylindre à cribler les
grains.

DEUXIÈME PARTIE.

CHAPITRE V.

DE L'AGRICULTURE SOUS TROIS POINTS DIFFÉRENTS.

D. *Combien y a–t–il de modes de Culture?*

R. Il y en a trois qui sont : la Culture à l'état de métier, la Culture à l'état d'art ou Culture pratique et la Culture à l'état d'industrie.

D. *Qu'est-ce que la Culture à l'état de métier?*

R. C'est cultiver triennallement suivant l'ancien usage, en faisant blé, orge ou avoine et jachère, et en nourrissant le bétail nécessaire à la culture seulement.

On l'appelle Culture Routinière.

D. *Qu'est-ce que la Culture à l'état d'art?*

R. Elle consiste à faire rapporter chaque année toutes les terres du Domaine en supprimant totalement la jachère, il suffit d'alterner chaque année les différentes plantes céréales, Racines, plantes Oléagineuses, Prairies artificielles, etc.; de se créer des pâturages afin de nourrir un nombreux bétail, c'est ce qu'on appelle Culture pratique.

D. *Qu'est-ce que la Culture à l'état d'industrie ?*

R. Elle consiste, outre la Culture pratique, à faire manufacturer partie des produits, afin de pouvoir les faire transporter au loin à moins de frais. Comme de faire confectionner en huile les graines Oléagineuses et d'employer les pains, soit à la nourriture du bétail, soit à l'engrais des terres ; de faire du sucre de Betteraves et d'employer les résidus à la nourriture des bestiaux ; de faire des fécules de Pommes de terre et de convertir les Blés en farine si la localité le permet, etc.

DES LABOURS EN GÉNÉRAL.

D. *Qu'est-ce que les Labours ?*

R. Les Labours, sont sans contredit, de tous les travaux agricoles ceux qui exigent le plus de soins de la part du cultivateur. Il ne suffit pas de labourer deux fois la terre, ainsi qu'on le fait généralement. Il faut encore que les Labours soient donnés en saison convenable à chaque espèce de terres, et que le nombre de ces Labours soit en proportion des besoins de chacune d'elles et donnés à différente profondeur.

L'attention d'un cultivateur, avant de mettre la charrue dans une pièce de terre, doit se porter à en reconnaître la situation, afin de bien diriger les Labours, de niveler la pièce autant que possible sans toutefois l'affaiblir nulle part.

Si elle est glaiseuse, humide et en pente, on doit autant que possible donner les Labours en pente pour faire prendre aux eaux leur écoulement, sans qu'elles puissent entraîner les terres hors de la pièce, et il faut toujours former au bas une hâte en travers pour recevoir les terres. On pratique ensuite des rigoles en biais du sillon pour faire couler les eaux. Ces Labours sont de rigueur pour les céréales d'automne : les négliger serait s'exposer à perdre une partie de la récolte par l'effet de l'humidité et des gelées. Quant aux céréales de printemps, elles peuvent être enterrées en travers du coteau.

DES DÉFONCEMENTS.

D. *Qu'est-ce que les Défoncements ?*

R. On a fait défoncer, dès la première année, toutes les terres du Pressoir qui en étaient susceptibles.

Ce Défoncement a été opéré par la Charrue Dombasle à un pied de profondeur. L'avoine a été ensemencée de suite et enterrée par un fort hersage, à la Herse à couteau, et la récolte a été un tiers plus belle que celle des voisins. Les terres ont donné les premières années quantité d'herbes parasites qui ont été détruites par le sarclage.

Toute terre, qu'elle que soit sa nature, doit être défoncée lors même que le sous-sol serait moins fertile que la couche superficielle; en ce cas on commence par creuser de six pouces la première année, de sept la deuxième, de huit la troisième et ainsi de suite jusqu'à ce que l'on ait atteint un fond de terre de dix à douze pouces de profondeur , c'est alors seulement qu'on pourra être assuré de faire succéder sur le même fonds pendant nombre d'années, sans interruption, toute espèce de récoltes, en ayant soin de les alterner, ainsi qu'il sera indiqué à l'article des Assolements.

DES LABOURS SUR LES TERRES FORTES ET GLAISEUSES.

D. *Comment doit-on labourer les Terres fortes ?*

R. Aussitôt la récolte faite, de quelque nature qu'elle soit, on doit donner un profond labour, afin de ramener à la surface, la terre reposée ; la diviser ensuite par de forts hersages à la herse à couteau, donner un second labour peu profond, puis fumer et ensemencer. Lorsqu'on laboure à un pied de profondeur sur les terres fortes, et que la terre se lève en mottes, ce n'est point un inconvénient; on ameublit facilement la surface,

soit à la herse, soit à la charrue qu'on enfonce
à 4 ou 5 pouces seulement tandis qu'au fond,
c'est-à-dire à 7 à 8 pouces, la terre reste en
mottes entre lesquelles les eaux pluviales s'égoutent jusque sur le sous-sol. Elles s'écoulent donc
sans causer aucun dommage à la plante si du
reste on a eu soin de faire les labours en pente
douce.

On doit labourer le moins possible les terres
glaiseuses, lorsqu'elles sont mouillées, à moins
que ce soit avant l'hiver, pour que les gelées
puissent les relever. Au printemps elles reste-
raient trop compactes et difficiles à labourer.
Les Labours d'automne sont les meilleurs sur les
terres glaiseuses. On doit ensemencer aussi le
plus possible ces terres en automne, soit en
blé, soit en avoine d'hiver; la réussite est plus
certaine.

LABOURES DES TERRES SABLEUSES
ET LÉGÈRES.

D. Comment doit-on labourer les Terres légères et
les Terres sableuses ?

R. Ces sortes de Terres n'exigent pas d'aussi
fréquents Labours que les Terres fortes ; Il faut
néanmoins leur donner chaque année un profond
Labour et employer la Herse ou l'Extirpateur
afin d'arracher les herbes parasites.

DES ENGRAIS EN GÉNÉRAL, DES IRRIGA-
TIONS ET DE L'ÉTAUPEMENT.

D. Combien y a-t-il de sortes d'Engrais?

R. Les Engrais Animaux, Végétaux et Minéraux.

D. Quels sont les Engrais animaux?

R. Le Sang, la Chair, les Os, les Cornes, les
Urines et les Excréments.

D. Quelle est la manière de les employer ?

R. Il est essentiel que chaque Cultivateur ait
une citerne dans laquelle il dépose les Urines, le
Sang, les Excréments de l'homme et les Purins
ou Égout de fumier. Des pailles qui n'ont point
servi à la nourriture des animaux, et qu'on emploie pour les litières, on compose un fumier
que l'on dépose dans un endroit situé en pente,
de manière que les Purins puissent descendre
dans la citerne. Ces Purins servent à l'arrosement
des terres et des prés dans les mois de Mars
et Avril, ou du moins, pour les prés lorsque
l'herbe commence à pointer, et pour les blés,
lorsqu'ils commencent à taller.

*D. Quel moyen emploie-t-on pour arroser les
Terres et les Prés?*

R. On prend un tonneau, de la contenance
de quatre à cinq hectolitres, monté sur un tom-

berceau, et, au moyen d'une chanlatte percée
et posée sous le robinet, on opère l'arrosement.
Il faut que la chanlatte puisse s'élever et se bais-
ser, dans le cas où l'on aurait des terres en
pente.

D. *Quelle quantité de Purins faut-il par journal?*

R. Vingt-cinq à trente hectolitres.

D. *Peut-on employer indistinctement, soit les Purins, soit les Excréments mêlés d'urines sortant des
fosses d'aisances?*

R. On peut se servir des Purins seuls, mais
il faut bien se garder de faire des arrosements
avec les urines seules, ou même mélangées d'excréments, car on risquerait de brûler la plante.
On doit les mélanger avec, au moins, moitié
d'eau de mâre. On peut ajouter aux Purins et
aux Urines des pains de Chenevis pulvérisés.

D. *Comment emploie-t-on les Os en engrais?*

R. Lorsqu'on a fait broyer les Os sur une
pierre d'huilerie, on les répand sur le terrain.
On peut encore les utiliser comme engrais lorsqu'on les a fait servir à raffiner le sucre. C'est
alors ce que l'on appelle le noir animal.

D. *Quels sont les Engrais végétaux?*

R. Les plantes fourragères, oléagineuses et
autres; les pains de navette et de chenevis; les
feuilles, le bois et ses cendres.

D. De quelle manière se sert-on de cette sorte d'Engrais ?

R. On peut semer des fèves, des vesces, du sarrasin, des seigles, etc., que l'on enfouit aussitôt la floraison. Quand aux cendres on les épanche au moment de l'ensemencement des céréales, et on peut les employer, ainsi que les pains de navette et de chenevis, à faire des compostes, en les mélangeant avec des Engrais animaux et minéraux.

D. Quels sont les Engrais minéraux ?

R. Le sel, le plâtre, la chaux, la marne, etc.

D. Comment emploie-t-on ces Engrais ?

R. On répand le sel sur les terres au moment de l'ensemencement, et sur les prés lorsque l'herbe commence à pointer. On se sert du plâtre particulièrement pour les prairies artificielles, parce qu'il est plutôt stimulant qu'engrais, et parce qu'il agit particulièrement sur les feuilles et sur les graines lorsqu'il est répandu avec elles sur le terrain et enterré à la herse. On peut conduire la chaux en pierre sur un terrain compact, la déposer en petits tas en ayant soin de les couvrir de terre ; au bout de quelque temps, lorsque la chaux est bien pulvérisée, on l'épanche ainsi que la terre qui la couvre et on donne un labour pour enfouir le tout. Cette opération doit se faire en juillet

ou en août, environ deux mois avant de semer
le froment.

Quant à la marne, qui est un composé de
terre glaise ou argileuse et de chaux plus ou
moins riche, on s'en sert avantageusement sur
les terres graveleuses, sablonneuses et rocail-
leuses.

D. *Comment reconnaît-on la Marne?*

R. En général, toutes les terres glaiseuses en
contiennent.

Il suffit pour la connaître de faire sécher un
morceau de cette terre et de verser dessus du
vinaigre, elle entre de suite en fermentation et
continue jusqu'à ce qu'elle soit dissoute.

On s'aperçoit aussi qu'un terrain est marneux
lorsqu'on creuse un fossé dans la glaise et qu'on
ensemence en froment le terrain de ce fossé dès
la première année; s'il produit, on est assuré
qu'il est marneux, et on peut, en toute sûreté,
l'employer au Marnage.

D. *Quel est le temps le plus favorable pour Marner
les Terres?*

R. La veille de l'hiver. Les gelées divisant la
Marne, le mélange s'opère mieux. On peut, dès
la première année, ensemencer le terrain marné
de pommes de terre ou féveroles, et ensuite de
froment. On peut aussi marner toute autre
espèce de terrain, excepté les terres fortes et
glaiseuses que l'on rendrait plus compactes.

Pour les terres sablonneuses on peut mettre jusqu'à cent tombereaux de Marne au journal, en la faisant épancher et mélanger par de fréquents labours.

D. *Comment faut-il s'y prendre pour Marner les Terres fortes et glaiseuses?*

R. En prenant la Marne argileuse et en la mélangeant autant que possible avec des sables et des cendres de bois lessivées ou non, ou mieux encore avec des compostes.

D. *Comment fait-on les Compostes?*

R. Pour les terres fortes et glaiseuses on prend une quantité de sable, de fumier de mouton ou de cheval, de fiente de pigeon ou de poule, de cendres de bois lessivées ou non, de terre d'alluvion, de chaux, de vieux chiffons, de feuilles de bois, etc.; on les amoncelle par couches sur un carré long, et au bout de quelques mois on coupe par bout le composte afin de le bien mélanger, puis on le conduit sur le terrain que l'on veut améliorer au moment d'y répandre la semence.

Pour les terres légères on prend une forte quantité de terre glaiseuse ou d'étang, de fumier de bœufs ou de vaches, de chaux, de vieux chiffons, de feuillages, etc., et on l'emploie comme ci-dessus.

D. *N'y a-t-il pas encore quelque moyen de fertiliser les Terres?*

R. On le peut encore par l'Écobuage.

D. Comment opère-t-on l'Écobuage ?

R. On ramasse autant qu'on le peut les racines et les chaumes, on les rassemble en petits
tas sur un fagot de ramassin que l'on charge de
terre. On met alors le feu au fagot et le terrain
brûle avec ; après quoi, on répand cette terre
brûlée sur toute la surface.

D. Quel effet produit l'Écobuage ?

R. L'Écobuage fait un effet merveilleux sur
les terres fortes, parce que, tout en les ferti-
lisant, il les divise et donne à la plante plus
de facilité pour élargir ses racines, en favorisant
l'action du calorique.

L'Écobuage pourrait devenir nuisible sur les
terres d'alluvion, qu'il appauvrirait au lieu de
fertiliser.

D. Quel est le moyen de fertiliser les Prés ?

R. On peut fertiliser les Prés par les irrigations ; (1) lesquelles peuvent donner, si elles
sont bien faites, un tiers en plus de première
récolte et autant en regain.

*D. Comment et en quel temps doit-on faire des
Irrigations sur les Prés ?*

------

(1) Si il y a imposibilité de le faire, on a recours aux
arrosements par les purins ou par les fumiers et les
compostes.

R. Lorsque l'on possède des **Prés** qui avoi-sinent les terres labourables et que les eaux qui s'égoutent de ce lieu ou qui s'écoulent par suite des pluies peuvent être dirigées sur ces prairies, il ne faut pas négliger de le faire au moyen de rigoles de manière à les répartir en portions aussi égales que possible sur toute l'étendue de la prairie.

Il faut en faire autant pour recueillir les eaux qui s'écoulent sur les chemins, qui sortent des villages, des cours d'habitation, les eaux qui entraînent le limon des terres, les boues des rues et les excréments des animaux ont une grande propriété fertilisante.

On doit aussi utiliser les eaux des sources et des fontaines qui existent dans les prés ou à leur proximité. Il faut profiter de leur abondance pour arroser les parties les plus éloignées, tandis qu'on arrose celles qui sont les plus rapprochées des sources lorsque l'abondance diminue.

Les eaux des rivières et ruisseaux se dirigent au moyen des fossés ou rigoles et de vannes jusqu'à l'extrémité la plus élevée des pièces de pré, et de là on les répartit sur toute leur étendue. (1) Les prés où les eaux séjournent de

---

(1) On peut, au moyen d'une machine, élever les eaux des rivières sur la prairie.

manière à les rendre trop aquatiques doivent
être assainis de toute nécesssité par des acqueducs que l'on remplit de pierres et qu'on recouvre ensuite de terre et de gazon enlevé lors
de la creusée. Les eaux des étangs sont les meilleures pour les irrigations.

Une surveillance continuelle est nécessaire pour
l'irrigation, car il faut retirer les eaux des parties arrosées pour les tourner sur celles qui ne
l'ont point été.

La saison et surtout la qualité des eaux qu'on
a à sa disposition règlent les époques des irrigations. Avec les eaux fertilisantes, comme celles
d'étang ou celles qui s'éjournent sur des dépôts
marneux, il ne faut pas craindre d'en user abondamment aussitôt que les gelées ont disparu,
en ayant soin toutefois de retirer les eaux; s'il
survenait des gelées un peu fortes, si l'on n'a
que des eaux froides il ne faut les employer que
lorsque la terre est échauffée par le soleil et
encore en petite quantité; au printemps on
doit arroser de préférence depuis huit heures
du matin jusqu'à quatre du soir; en été il faut
arroser de quatre heures du soir à huit du
matin.

D. *Est-il avantageux de faucher la seconde herbe
des Prés?*

R. Il est préférable de faire pâturer les regains des Prés naturels. La dépense de fauchaison

et de fenaison que l'on est obligé de faire, joint à cela les inconvénients des pluies d'automne qui souvent ne permettent pas de le récolter bien sec, offre peu d'avantage, car cette récolte est nuisible à la première herbe de la récolte suivante, tandis que lorsqu'on la fait pâturer il reste un engrais qui fertilise les Prés, et le bétail qui peut être graissé à l'herbe ou préparé pour être fini à l'écurie, indemnise au delà de la récolte que l'on aurait pu faire; il y a toujours bénéfice sur l'engrais du bétail lorsque l'on récolte sur son domaine tout ce qui est nécessaire à l'engraissement.

D. *Comment doit-on Étauper les Prés?*

R. On doit Étauper les Prés aussitôt la première herbe enlevée, parce que les graines de foin se reproduisent plus facilement et remplissent le vide; on doit continuer l'étaupement tous les mois jusqu'à ce que l'herbe par sa croissance s'oppose à ce qu'on puisse le faire.

CHAPITRE VI.

DE L'ENSEMENCEMENT EN GÉNÉRAL ET DES RÉCOLTES DE TOUTE NATURE.

D. *Comment doit-on Ensemencer les Blés?*

R. Avant d'Ensemencer il faut choisir la pièce de blé la plus propre à cet usage, la nettoyer et la laisser bien mûrir, car c'est la maturité qui empêche la carie. On doit battre sur tonneau pour n'avoir que le meilleur grain, ensuite il faut le bien cribler, le chauler ou vitrioler avant l'Ensemencement.

D. *Peut-on Ensemencer toute espèce de Blé?*

R. On doit choisir l'espèce qui convient le mieux au terrain que l'on cultive. Le blé rouge paraît devoir être préféré au blé blanc. Il graine davantage et il est moins sujet à s'égrainer en le récoltant.

D. *Comment doit-on faire l'Ensemencement sur les Terres fortes?*

R. Lorsque la terre est bien préparée et fumée, on a l'habitude de semer et d'enterrer la semence par un labour peu profond; l'ex-

périence a prouvé qu'il est préférable de répandre la semence sur labour et de l'enterrer
à la herse à couteau qui, divisant le terrain,
enterre assez profondément la semence et donne
un meilleur produit. On voit d'ailleurs qu'elle
prend plus de force avant l'hiver ; par ce procédé on épargne, du reste, un double décalitre par journal.

Tandis qu'en enterrant la semence par le
labour, on court risque, qu'étant trop enfoncée,
elle ne puisse sortir, ou qu'ayant fait trop d'efforts pour percer la terre, elle sort souvent
épuisée à tel point qu'il lui faut long-temps
pour reprendre des forces, ce qui n'arrive quelquefois qu'au printemps ; à cette époque on doit
herser les blés à la herse de fer rond. Lorsque
le blé commence à pousser on peut enterrer
les graines de trèfle, de lupuline et de sainfoin.
Ce hersage fait taller les blés en les cultivant,
il détruit les herbes parisites

D. *Comment doit-on faire l'Ensemencement sur les
Terres-Meubles ?*

R. On peut enterrer la semence par un labour
de trois pouces de profondeur sur les terres en
culture ; si c'est sur trèfle ou sur sainfoin enfoui,
on doit enterrer à la herse, à moins que la
terre soit très-meuble.

D. *Comment doit-on Ensemencer les Terres Sablonneuses, Calcaires, Légères ?*

R. Ces sortes de terres qui ne sont pas susceptibles de rapporter du froment , doivent être
ensemencées en seigle. Il en est qui sont d'un
très-bon rapport tant pour le produit des graines que pour les pailles ; on doit préparer les
terres par des labours et hersages, fumer par
de longs fumiers enterrés avec la semence. On
peut ensemencer avec le seigle cinq doubles
décalitres de sainfoin , herser et rouler aussitôt.
Ces terres qui., pour la plupart, font subir de
grandes pertes aux laboureurs qui les cultivent
en céréales, peuvent donner des produits avantageux en prairies artificielles destinées soit à
être récoltées, soit à être pâturées. On doit
cultiver ainsi les quatre cinquièmes de ces sortes de terres pour être renouvelées, par cinquième , chaque année.

*D. Comment doit-on Ensemencer les Orges ou
Avoines?*

R. Pour l'Ensemencement des Orges on doit
cultiver le terrain avant l'hiver, et au printemps semer sur ce labour, puis enterrer par
un second si la terre est meuble , mais si elle
est forte il faut enterrer à la herse après un
second labour. Dans l'un et l'autre cas il est
bon de faire suivre le rouleau.

Les Avoines se sèment ordinairement sur un
seul labour et doivent être enterrées a la herse.
Il faut herser fortement plutôt deux fois qu'une

et rouler ensuite. On peut donner un second coup de herse après la levée, ce qui, en cultivant, fait taller l'Avoine tout en détruisant les mauvaises herbes.

On peut alors répandre les graines de trèfle, de sainfoin, de luzerne, etc.

D. *Comment Ensemence-t-on les Prairies naturelles?*

R. **Pour** convertir des terres en prés il ne faut pas les ensemencer en prairies artificielles comme beaucoup de cultivateurs ont l'habitude de le faire. Cette méthode est mauvaise, car lorsque les plantes artificielles sont détruites on est plusieurs années avant d'avoir un pré passable.

Pour faire un bon pré il faut un terrain convenable et qui soit autant que possible susceptible d'être arrosé. Les terrains situés près des rivières qui débordent souvent doivent être convertis en prairie; ceux qui sont situés au bas des terres en coteau sont ordinairement de bons prés, car le limon que les eaux y amènent l'hiver les fertilise.

Lorsqu'on veut convertir une terre en pré on doit, l'été précédent, bien cultiver le terrain, le nettoyer de toutes les herbes parasites et le bien fumer; au printemps suivant on l'ensemence d'avoine ou d'orge ou de blé de mars assez clair pour qu'il n'étouffe pas la graine de foin. On choisit cette dernière graine dans les

bourres de bon foin que l'on fait battre et vanner et que l'on répand assez dru sur la terre
après l'ensemencement des céréales. Après un
premier hersage on en donne un second et un
fort coup de rouleau.

D. *Comment Ensemence-t-on les Luzernes, les
Trèfles et la Lupuline?*

R. Lorsque l'on veut faire une Luzerne, il
faut bien préparer la terre avant l'ensemencement, la fumer soit avec blé soit avec avoine;
il faut autant que possible semer toutes graines
artificielles sur terrain fumé; la plante prend
plus de force et les récoltes sont meilleures. Dès
la première année on répand la graine à la
quantité de dix à quinze livres par journal. En
avril on enterre la graine à la herse à fer rond
ou en bois que l'on fait suivre du rouleau. Si
l'on sème sur une terre fraîchement labourée,
on doit donner un hersage avant de répandre
la semence, ce qui se fait au printemps en mars
et avril; si l'on sème sur blé il suffit d'un hersage
et d'un rouleau.

Les Trèfles se sèment de la même manière
que les Luzernes et la Lupuline.

D. *Comment ensemence-t-on le Sainfoin?*

R. On l'ensemence de la même manière que la
Luzerne au printemps; on peut aussi l'ensemencer sur seigle ou sur blé en automne, pourvu

que ce soit assez avant l'hiver pour que la plante prenne de la vigueur et puisse supporter les gelées.

D. *Comment ensemence-t-on les Féveroles ?*

R. Les Féveroles d'hiver se sèment en automne sur un terrain qui a rapporté soit blé, soit avoine. On peut les semer à la volée ou en ligne de trois raies l'une, pour pouvoir cultiver à la houe à cheval.

Si l'on sème des Féveroles de printemps, on cultive le terrain avant l'hiver par un labour profond; on fume au printemps et on sème en raies, de trois l'une, à 27 pouces de distance; au second labour il ne faut pas craindre d'enterrer profondément; la plante perce la terre la plus dure. On cultive le terrain à la houe à cheval; il suffit de piocher la ligne une ou deux fois et le terrain se trouve disposé à donner une bonne récolte en blé l'année suivante. Cette plante convient aux terres fortes. Sa racine pivotante aide à les diviser.

D. *Comment sème-t-on les Haricots ?*

R. On cultive et on ameublit bien les terres après les avoir bien fumées; on sème les Haricots en ligne, à même distance que les Féveroles, mais on les enterre moins profondément. On doit semer en terre meuble et légère. On cultive à la houe à cheval et à la main.

D. *Comment cultive-t-on les Pois, les Lentilles, les Vesces et les Arroux ?*

R. Les Pois, les Lentilles et les Vesces se cultivent de la même manière : au printemps on sème à la volée sur un ou deux labours avec fumure. On enterre à la herse et l'on roule la terre; les Vesces d'hiver et les Jarosses ou Arroux sont d'un bon raport même dans les terres médiocres, se sèment en automne sur un labour. On ajoute quelques grains de Scigle ou de Féveroles d'hiver qui servent à soutenir la plante; on fauche le tout ensemble ou on le fait Pâturer.

D. *Comment emplante-t-on les Pommes de Terre ?*

R. On cultive avant l'hiver la terre que l'on doit emplanter, et au printemps on fume fortement. On emplante en raies sur le second labour à distance de 27 pouces. On donne deux forts hersages 8 à 15 jours après. On cultive l'intervalle à la houe à cheval, et sur la ligne à la houe à main. On butte ensuite à la charrue à double oreilles ou à la charrue ordinaire, en faisant un tour entre chaque ligne.

D. *Comment ensemence-t-on les Betteraves et les Navets?*

R. On sème les Betteraves de deux manières. On sème sur couche dans le jardin ou ailleurs une quantité de graines proportionnée à l'étendue de terre que l'on veut emplanter. Il faut semer en raie à 6 pouces de distance sur un terrain meuble et fumé. On recouvre peu la semence, on peut la piétiner. Si l'on sème sur place, il faut préparer la terre en lui donnant avant l'hiver un profond labour, enterrer le fumier en février, herser et rouler le terrain; et en avril donner un troisième coup de labour. On sème alors sur place, soit sur ados, soit sur rayonnage, à **27** pouces de distance; on pose trois grains en même place à deux pieds de distance sur la ligne, on enterre à un demi-pouce de profondeur et on fait passer ensuite le rouleau. On cultive entre les lignes à la houe à cheval, et sur les lignes à la houe à main, deux fois en éclaircissant les plantes où il s'en trouve plusieurs; s'il en manque, on les remplace par des plantes que l'on a éclaircies ou que l'on a sur couche. Les Navets peuvent être semés à la volée, ou en raie, plus rapprochés de moitié.

D. *Comment sème-t-on les Carottes et les Panais?*

R. On prépare les terres de la même manière que pour les Betteraves. On sème en ligne à un pied de distance, on éclaircit et on cultive à la houe à main.

D. *Comment ensemence-t-on les Pâturages?*

R. Pour l'ensemencement des Pâturages il faut suivre la méthode indiquée pour les Prairies artificielles. La composition d'un bon Pâturage doit être de deux doubles décalitres de Sainfoin, **4** livres de Pimprenelle, **4** livres de Raigras et

une livre de Chicorée sauvage par chaque journal (de 34 ares 28 centiares.) Cette composition
donne abondamment en tout temps, parce que
le Raigras vient promptement et produit beaucoup, que la Chicorée offre le même avantage
que le Sainfoin et que la Pimprenelle, toujours
verte se conserve sous la neige. Toutes ces graines peuvent se semer dans des terres médiocres,
calcaires et graveleuses, excepté le Rai-Gras qui
demande une terre douce et bonne; on remplace
le Rai-Gras par une livre de Chicorée sur les
terres graveleuses.

D. *Peut-on encore faire d'autres Pâturages?*

R. On peut encore faire des Pâturages avec le
Sainfoin seul, mais il faut avoir soin de ne pas le
faire pâturer lorsqu'il entre en végétation, parce
qu'alors les moutons broutant la première pointe
le feraient périr en peu d'années. Lorsque la
plante commence à s'élargir, cet inconvénient
n'est plus à craindre.

On peut aussi faire des Pâturages avec le Rai-
gras seul ou mélangé de chicorée, si le terrain
n'est pas convenable à la Pimprenelle et au Sainfoin. On peut donner ces plantes à l'écurie ; on
peut faire des Pâturages pour l'année seulement,
par des vesces d'hiver et d'été, des Gesces, Lentilles Jarosses ou Arroux et Lupuline. Ces sortes
de Pâturages permettent de cultiver les terres, ce
qui équivant à une demi-jachère. On ne donne

qu'un demi-plâtre au Pâturages d'une année,
tandis que l'on donne deux demi-plâtre, aux Pâturages de 4 à 5 ans, la première et la troisième
année.

DES RÉCOLTES DE TOUTE NATURE.

D. Comment doit-on faire les récoltes des Céréales?

R. Il ne faut pas attendre pour récolter les
Blés qu'ils aient atteint leur entière maturité. Il
faut le faire aussitôt que l'on s'apperçoit que le
grain résiste peu sous le doigt et peut s'écraser
facilement. L'expérience faite cette année a
prouvé que le Blé récolté avant maturité était
plus beau et plus lourd d'une livre par double
décalitre que celui qui a été récolté parfaitement
mûr. Les Blés versés doivent être coupés avant
maturité; les Orges doivent être récoltées de la
même manière ainsi que les avoines. Il faut
éviter de les laisser javeler trop long-temps comme beaucoup de Cultivateurs en ont l'habitude.
Cette méthode non-seulement détériore le grain,
mais produit encore une nourriture mal saine
pour le bétail qui consomme le grain ainsi que
la paille.

On doit laisser bien mûrir toute espèce de
céréales lorsqu'on les destine à la semence. C'est
le moyen de prévenir la Carie, le Charbon et
l'Ergot.

D. *Comment fait-on la récolte des Foins naturels ?*

R. Les Foins mal récoltés non-seulement sont moins nourrissants mais ils peuvent encore occasionner des maladies au Bétail qui les consomme. Les Cultivateurs doivent donc s'attacher à les récolter avec soin, en temps opportun, surtout lorqu'ils arrivent à la maturité. Il faut, lorsqu'on veut commencer la fauchaison choisir un moment où le temps paraît être au beau pour plusieurs jours, et alors apporter la plus gande activité tant à la fauchaison qu'à la fenaison et rentrer le foin le plutôt possible; on doit, aussitôt la rosée tombée, mettre autant de faneurs qu'il en faut pour épancher l'herbe à mesure que les faucheurs la coupent, en l'éparpillant le plus possible pour que le soleil en sèche également tous les brins, car c'est de la bonne dessication que dépend la conservation du Foin sur les fenils.

Le Foin étant sec d'un côté, on le retourne en le soulevant pour faire sécher le dessous, et on le retourne à plusieurs fois dans la journée; s'il s'en trouve de bon à rentrer on le charge le soir même. Pour celui qui n'est pas suffisamment sec, on le ramasse le soir en petits tas ou meulons de manière que la rosée de la nuit ne puisse humecter que la superficie. Le lendemain, quand la rosée s'est dissipée, on épanche de nouveau les tas pour finir de sécher le Foin. Avec cette attention, le Foin conserve sa couleur verte et

son odeur agréable qui sont les marques de sa
bonté.

Chaque fois que le Foin doit passer la nuit
sur le pré il faut le ramasser en petites meules.

D. *Comment fait-on la récolte des Foins artificiels ?*

R. Il ne faut pas, comme le Foin naturel, retourner à chaque instant ces sortes de Foins, parce
qu'on perdrait la majeure partie des feuilles.

On laisse ordinairement la première journée
les Trèfles, Luzernes et Sainfoin en andins,
et le lendemain après la rosée tombée on fait
retourner les andins sans les épancher. Le soir
on met le Foin en petits tas de quatre à cinq
bottes, on le laisse en cet état un ou deux jours,
après quoi on ouvre les tas pour les faire sécher,
et le soir on les ramasse en meules de 15 à 20
bottes. On peut les laisser en cet état pendant
8 à 10 jours. On profite d'un temps sombre
pour les rentrer s'il est possible lorsqu'il est
très-sec. Au cas contraire, on ouvre les meules
quelques heures avant de les charger. La Lupuline se récolte aussitôt qu'elle est sèche, afin d'en
tirer la graine.

D. *Si l'on n'a pas de fenil assez grand pour tenir*
tous les Fourrages, que doit-on faire ?

R. Il faut faire des meules au milieu de la
cour ou ailleurs. On plante en terre une grande
perche ou mât, on établit sur la terre une espèce de plancher avec des pierres, des perches

et des fagots pour préserver le fourrage de l'humidité. On l'entasse autour de la perche en élargissant peu-à-peu jusqu'à 8 à 10 pieds de hauteur pour, ensuite, rétrécir et former le pain de sucre. On a soin d'entourer la perche de fagots à mesure que l'on monte, afin de former au centre une cheminée qui sert à l'évaporation de l'humidité. On conserve par ce moyen les fourrages meilleurs que ceux qu'on entasse dans les fenils. On a soin de couvrir la meule en gluis que l'on attache par poignées, lesquelles sont assujetties l'une sur l'autre au moyen de chevilles que l'on plante dans la meule, puis l'on recouvre la pointe par un capuchon de gluis.

D. *Comment récolte-t-on les Féveroles?*

R. On peut les faucher et même les arracher lorsque la terre est douce, avant parfaite maturité, de crainte de les égrener. On les laisse javeler le temps nécessaire pour les sécher et on les rentre après les avoir liées en bottes.

D. *Comment récolte-t-on les Haricots?*

R. On les arrache lorsqu'ils sont mûrs, on les met en petits tas, les racines en haut, et aussitôt qu'ils sont secs on les rentre; on les bat de suite et on les étend sur le grenier pour les faire sécher.

D. *Comment récolte-t-on les Pois, les Lentilles, les Vesces, les Gesces. etc.?*

R. On les fait faucher avant dessication comlpète ; si l'on veut en récolter la graine on les rentre après qu'ils sont secs ; si, au contraire, on les récolte pour fourrages, on les fait faucher après la fleur lorsque la cosse est formée ; on les retourne ensuite pour les faire sécher, et on ne les rentre qu'après les avoir laissé séjourner en tas.

D. Comment récolte-t-on les Pommes de terre, les Betteraves, les Carottes et les Panais ?

R. Les Pommes de terre étant buttées à la charrue et formant un ados, on doit passer la charrue à double versoir, ou, à défaut, la charrue ordinaire dans le milieu de l'ados pour l'ouvrir, puis ramasser les Pommes de terre découvertes. On donne ensuite un coup de herse en travers afin de découvrir celles qui restent, après quoi on donne un labour en plein. Les Betteraves s'arrachent à la main ou à la pioche ; les Carottes et les Panais s'arrachent à la bêche.

D. Quel instrument doit-on employer de préférence pour la récolte des Céréales ?

R. La Faux doit être préférée à la Faucille sur toutes les terres où il est possible de l'employer. Par ce moyen un ouvrier abat plus du double de gerbes, et le propriétaire récolte un quart de paille, en sus, sans qu'il y ait plus de perte de grains.

CHAPITRE VII.

DES CAPITAUX ET DE LA QUANTITÉ DE BÉTAIL NÉCES-
SAIRE DANS UNE PETITE, UNE MOYENNE ET UNE
GRANDE CULTURE. — DU CHOIX DES ÉTALONS DE
DIFFÉRENTES ESPÉCES ET DES SOINS A DONNER AU
BÉTAIL TANT EN SANTÉ QU'EN MALADIE.

*D. Quels sont les Capitaux nécessaires dans une
grande culture en vallon?*

R. Pour tirer un parti avantageux dans chaque
culture, il faut y employer beaucoup de capitaux.
Et quand on est à même de le faire, on doit composer son bétail des plus belles espèces en tout
genre, lors surtout que l'on veut faire des élèves.

Pour une grande culture, le bétail doit être
composé, savoir :

De 4 Juments poulinières à 500 fr. pièce, d'un
Étalon de 800 fr. et d'un Cheval hongre de
400 fr. total. . . . . 3200 f.

De 14 Bœufs de charrues à 500 fr. la
paire. 3500

De 6 Vaches et un Taureau à 200 fr.
pièce. 1400

Total. . . . 8100 f.

Report. . 8100 f.

De 150 Brebis à 20 fr. et 4 Béliers
à 75 fr. chacun. 3300

De 250 Moutons à 18 fr. pièce. . . 4500

Pour Cochons et Volaille. 300

Pour Outils aratoires et harnais en
tout genre. 1200

Pour Ensemencement en toute espèce
de grains. 1600

Pour Nourriture, Gages des domestiques, Entretient de la famille pendant
18 mois, Frais de récolte, etc. 4500

Pour Paiement d'une année du loyer
de la Ferme. 5000

_____

Total. . . . 28500 f.

D. *Ne peut-on pas faire cette entreprise avec une
moindre somme?*

R. Cette somme n'est pas de rigueur si l'on
ne fait pas d'élèves en chevaux, on peut se con-
tenter de 4 chevaux entiers à 300 fr. pièce; si au
contraire on veut nourrir des poulains, il faut
avoir des Juments de bonne espèce pour qu'on
puisse vendre 400 fr. les élèves à deux ans environ, car s'ils sont médiocres on aura peine à
les vendre 200 fr., et en ce cas on ne serait pas
remboursé de sa dépense. On peut aussi supprimer l'Étalon : le Département en ayant placé dans

les Cantons de très-bons. (1) On doit s'attacher particulièrement à faire des élèves en Veaux et Moutons et surtout de cette dernière espèce. Si l'on n'a pas les capitaux nécessaires on peut commencer son troupeau par 200 Brebis et 4 Béliers en valeur de 4000 fr. On complèterait le troupeau par le croît. On peut encore supprimer les avances de 5000 fr. pour location de la Ferme que l'on pourrait payer avec le produit des récoltes, ce qui apporterait une diminution de 10800 fr.; sur 28500 fr. resterait 17700 fr.

D. Quels sont les Capitaux nécessaires dans une grande culture en montagne ?

R. N'ayant point de Prairies naturelles, on ne doit pas s'attacher à élever des poulains qui coûtent, dans nos environs, en raison de la cherté des fourrages et des accidents qui arrivent souvent aux élèves, autant et souvent plus que l'on ne peut les vendre. On peut faire quelques élèves en Veaux, mais on doit surtout élever beaucoup d'Agneaux et nourrir un Troupeau

---

(1) Les Chevaux du Perche doivent être préférés; ils sont propres aux Diligences et peuvent donner, lorsqu'ils sont accouplés à une Jument convenable, de bons Chevaux de cabriolet; ils méritent la préférence sur les Chevaux Cauchois qui sont trop lourds et qui ne peuvent être occupés qu'au gros Roulage.

aussi considérable que la récolte des fourrages et des racines pourra le permettre.

C'est à cette branche d'industrie que tout Agriculteur doit s'attacher, quelque soit le prix de la vente des laines, lorsqu'il nourrit des produits de sa récolte ; la vente des laines et des bêtes de réforme doit payer la majeure partie des fermages et même la totalité.

Dans un Domaine en Montagne il ne faut qu'un homme, deux chevaux ou deux bœufs à chaque charrue. Il suffit de deux chevaux du prix de 300 fr. chacun, dix bœufs à 200 fr. pièce, en tout . . . . 2600 f.

4 Vaches à 150 fr. pièce, un Taureau à 200 fr. 800

200 Brebis à 20 fr. pièce et 4 Béliers à 75 fr. chacun. 4300

200 Moutons à 18 fr. pièce. 3600

Volailles et Cochons. 200

Outils aratoires, Voitures, etc. . . 600

Pour Ensemencement en tout genre, Céréales, Prairies artificielles, etc. . . 1600

Pour Nourriture, Gages des domestiques, Entretien de la famille pendant 18 mois, frais de récolte, etc. 4000

Et pour une année du loyer de la Ferme. 3500

Total. . . . 21200 f.

On peut diminuer sur cette somme le prix de 200 Moutons, on formerait le Troupeau par le croît de deux années. On peut aussi déduire le prix du loyer, ce qui ferait une somme de 7100 fr., resterait 14100 fr. Il suffit, pour une moyenne culture en Vallon, d'une avance de fonds de 8000 f., et, pour une culture en Montagne, de 6 à 7000. Il faut moins de moitié pour une petite culture.

On doit employer de préférence pour la culture des terres fortes, lorsqu'elles sont mouillées, les Chevaux aux Bœufs qui la piétineraient et rendraient le labour plus difficile ; mais lorsque les terres sont susceptibles d'être cultivées par les Bœufs, on doit le faire de préférence, on épargnera une dépense considérable.

DES SOINS A DONNER AU BÉTAIL TANT EN SANTÉ QU'EN MALADIE.

D. *Quels sont les soins que l'on doit donner aux Chevaux ?*

R. La nourriture doit être substantielle et assez abondante pour les entretenir en bon état et surtout en état de santé. Il faut pour cela avoir l'attention, lorsque l'on nourrit les Chevaux avec les Trèfles et les Luzernes, de donner, chaque jour, des buvées à la farine d'orge, de fèves, etc., sans quoi on courrait risque de les échauffer et

de leur donner des maladies ; les carottes crues
et les betteraves seront données utilement avec
les trèfles et les luzernes. Les Pommes de terre
cuites au four font un très-bon aliment pour les
Chevaux ; l'expérience de plusieurs années l'a
démontré : six Chevaux ont été nourris à la
ferme du Pressoir, pendant six et huit mois,
chaque année, avec Foin, Trèfle, Luzerne, Sainfoin et Pommes de terre, trois fortes rations par
jour pour tenir lieu d'avoine, sans qu'aucun d'eux
n'ait eu la moindre indisposition. Un bon pansage à la main est de toute nécessité ; on doit les
étriller, brosser et bouchonner soir et matin,
même dans le milieu du jour lorsqu'ils rentrent
dans l'écurie, et ne les faire boire que lorsqu'ils
ont mangé. On doit aussi veiller à ce que les
harnais ne fassent aucune blessure, et lorsqu'on
s'apperçoit d'une légère talure on doit aussitôt
nettoyer le collier, le battre, le chambrer jusqu'à
ce que la plaie soit guérie, nettoyer chaque jour
les pieds, laver les jambes, entretenir le ferrage
en bon état, peigner souvent et couper les crins
sous le licou, etc. et ne jamais maltraiter les Chevaux lorsqu'on les emploie au travail.

D. *Quel est le meilleur mode d'Attelage ?*

R. Le colier joignant l'épaule et le poitrail se
trouve naturellement incliné par le haut sur le ga-
rot ; il faut, pour qu'il porte en même proportion,
que les traits attelés se trouvent placés quelques

pouces au-dessus du jarret, car si, comme il arrive souvent, les traits s'élèvent plus haut à l'attelage qu'il n'est au point de tirrage, le colier étant renversé, le cheval tire plus du poitrail que des épaules et il a la respiration gênée, et souvent le colier le blesse et lui ôte une partie de ses forces; j'estime que quatre Chevaux attelés comme je l'indique ont autant de force que cinq attelés de la seconde manière. Si le terrain ne s'y opose pas, on doit de préférence atteler en couple, et si l'on attelle quatre chevaux ceux de devant doivent être attelés sur palognier avec une chaîne que l'on nomme triture pour chaque Cheval. Si l'on attelle les chevaux en ligne, le premier au trait, le second sur grand trait doit être le plus petit, le gros attelé avant se trouve en bonne direction.

D. *Que doit-on faire lorsqu'on s'apperçoit qu'un Cheval est malade?*

R. Il faut commencer par lui retirer toute espèce d'aliment, le bouchonner continuellement et, surtout, s'il est atteint d'une tranchée qui est la maladie la plus commune; lui donner quelques lavements, le faire promener avec une couverture en laine et en rentrant à l'écurie le mettre sur une bonne paille, appeler un Vétérinaire avant que la maladie ait fait des progrès. Il est des cas tels que dans une Tranchée rouge il faut, sur le champ, appliquer une saignée à la jugulaire, sans quoi l'animal pourrait périr

avant l'arrivée du Vétérinaire, c'est pourquoi
il est utile qu'un cultivateur sache faire une
saignée. Il suffit d'une ou deux leçons pour l'apprendre. On s'apperçoit qu'il y a nécessité de
saigner le Cheval lorsque la veine se gonfle fortement et que le fond de l'œil est rouge. (1)

*D. Quels soins doit-on avoir pour les Juments
poulinières ?*

R. Il ne faut pas exiger des Juments polinie-

---

(1) Une Jument prête à pouliner qui avait une Tranchée rouge extrêmement forte, était couverte de sueur,
elle se jettait à terre à chaque instant, la veine du
cou était très-gonflée et le fond de l'œil rouge, on eut
peine à lui donner le coup de flamme tant elle était
agitée, une large saignée répétée la sauva, mais peu
d'heures après elle fit son poulain.

Un Cheval atteint de Tranchées venteuses fut
guéri trois fois, avec le remède suivant, indiqué par la
Fosse.

Oignon.

Savon gros comme un œuf coupé menu.

Deux pincées de Poivre.

Le tout mélangé et introduit dans le rectum, suivi
d'un lavement après avoir fait promener l'animal.

La Tranchée rouge se reconnait lorsque l'animal après
s'être vautré porte sa tête vers son ventre, tandisque
dans la Tranchée venteuse il se vautre, se lève et se
couche, mais étend la tête à terre lorsqu'il éprouve un
peu de calme.

res un travail aussi fort et aussi assidu que peuvent le faire les autres chevaux; il faut les
conduire avec douceur, leur donner une bonne
nourriture quinze jours avant qu'elles ne met-
tent bas, les surveiller lorsqu'elles sont prêtes à
pouliner et leur donner une nourriture abondante pendant qu'elles allaitent leurs poulains.
Les farineux en buvée, les carottes crues, les
betteraves cuites ainsi que les pommes de terre
sont des aliments très-convenables aux Juments
nourrices. Il faut laisser la Jument avec son
Poulain en liberté dans une petite écurie, stalle
où pargeon sans y être attachée de crainte que
le Poulain ne s'entrave dans la longe.

D. *Comment doit-on soigner et nourrir les Bœufs*
et Vaches ?

R. Quoique les Bêtes bovines n'exigent pas le
même pansage à la main que les chevaux, il est
cependant bon de les étriller chaque jour, les
bouchonner, veiller à ce que les jougs ne bles-
sent pas les Bœufs de travail. Il faut les entretenir
d'une bonne litière et leur donner une bonne
nourriture; on emploie pour cela la paille, le
foin, le trèfle, la luzerne, le sainfoin, etc., les
carottes, les betteraves, les raves, les navets, les
panais et les choux, les pommes de terre cuites,
les bourres de foin et les balles de blé sont utilement mélangés avec les racines cuites ou
crues ; les tourteaux de navette, de colza et de

chenevis sont très-bons dans le mélange, avec
un peu de sel, ce qui facilite la digestion. On
peut, avec cette nourriture, engraisser les Bœufs
très-promptement et obtenir des Vaches laitières
beaucoup de lait.

D. *Quelles précautions doit-on prendre lorsqu'on
met le Bétail au vert?*

R. On doit éviter de faire passer du sec au
vert toute espèce d'animaux, sans avoir pris la
précaution de faire un mélange d'herbe avec le
foin ou la paille, dans la proportion d'un quart
les premiers jours, de moitié ensuite, après
quoi on leur donnera le vert pur ; il en sera
de même lorsque l'on voudra faire passer les
animaux du vert au sec.

D. *Que doit-on faire lorsque l'on veut se procurer
des élèves en Veaux?*

R. Il faut se procurer des Vaches d'une gras-
seur proportionnée à la bonté des pâturages et
à l'abondance de la nourriture que l'on peut
leur donner, les prendre généralement plus
petites que trop grosses ; il suffit qu'elles soient
bien faites et bien proportionnées; si les pâturages sont bons, les élèves prendront de la taille;
surtout si l'on a le soin de se procurer un
bon Taureau ; les races croisées de Suisse et
de Charolais se multiplient, chaque jour, dans
notre département, ce qui fait espérer qu'il

sera facile de se procurer des étalons convenables ; de quelqu'espèce que l'on choisisse le Taureau, il doit être gras, fort, robuste et docile, il doit avoir la tête courte, les cornes grosse et courtes, les oreilles longues et velues, le muffle grand, le nez court et droit, le cou charnu et gros, les épaules et le poitrail larges, les reins forts, les jambes grosses, le fanon pendant, lalure ferme et sure ; le bon âge est depuis 2 ans à 4. Les cultivateurs de notre canton doivent apporter tous leurs soins à l'amélioration de la race bovine, car lorsqu'ils auront fait autant de prairies artifficielles et de racines qu'ils doivent en faire, ils pourront nourrir du bétail un tiers plus nombreux qu'antérieurement, et ils trouveront un bénéfice plus certain à élever des Veaux qu'à élever des Poulains. Il faut traiter avec douceur toutes espèces d'élèves, c'est le moyen de les rendre dociles.

D. Quels sont les soins à donner aux Bœufs et Vaches en maladie?

R. Après la suppression des aliments on doit examiner la position de l'animal et se rappeler si la nourriture qu'on lui a donnée le jour ou la veille n'a pas pu occasionner cette maladie, ou si l'excès de travail n'y a pas contribué. On doit d'abord frictionner l'animal; s'il est échauffé, on peut lui faire de la tisanne à l'orge et lui donner des lavements, si la maladie paraît sérieuse on appellera un vétérinaire. Il arrive quelquefois que les Bœufs et Vaches se trouvent météorisés ou gonflés pour avoir mangé des trèfles et luzernes et, s'ils ne sont secourus promptement ils meurent. Il faut, aussitôt que l'on s'en aperçoit, faire délayer ou fuser, plein la main, de chaux vive ou fondue, dans une bouteille d'eau et la faire avaler à l'animal, il est de suite soulagé. Un demi-verre d'eau de salpêtre dans une bouteille d'eau, deux cornets de poudre à tirer avec une demi-bouteille de lait, produisent le même effet. Il arrive souvent qu'on n'a pas le temps d'administrer le remède, il faut sur le champ enfoncer dans la panse au milieu du flanc, du côté gauche, soit un trocar, soit une lame de couteau; le gaz se dégage et la plaie guérit naturellement.

DE LA COMPOSITION D'UN TROUPEAU DE MOUTONS ET DES SOINS A LUI DONNER.

D. *Comment doit-on composer un troupeau de Moutons?*

R. Grâce au célèbre naturaliste Daubenton, notre compatriote, à qui l'agriculture doit une éternelle reconnaissance; le canton de Montbard et les environs ont les premiers retiré les avantages de ses utiles travaux par les croisements qu'il a indiqués. Le nombre de troupeaux métis, mérinos est tel aujourd'hui qu'il est facile de former un Troupeau de bonne espèce et de l'entretenir et même l'améliorer en prenant les soins qui seront indiqués. On peut se procurer la quantité de Brebis nécessaire, non seulement à l'entretien du nombre que l'on veut nourrir, mais encore, pour faire des élèves, afin de remplacer le quart au moins des bêtes de réforme que l'on doit vendre à quatre ans; ainsi donc pour un Troupeau de 400 bêtes on doit avoir 150 Brebis qui peuvent élever 125 à 130 agneaux pour pouvoir réformer 110 à 120 bêtes et se couvrir des pertes annuelles qui sont ordinairement de 4 à 5 pour cent.

Il ne faut pas s'attacher à une trop grande taille, si le pâturage est bon, le croît grandira en proportion. On doit donc choisir 150 à 160 Brebis bien étoffées, ayant l'épaule et les reins larges, la croupe bien faite, la tête large au sommet, ainsi que les oreilles; les Brebis les moins garnies de laine en tête sont souvent les meilleures nourrices. On doit faire choix de 4 bons Béliers bien faits, robustes et portant une laine abondante, fine et haute, mais sur tout haute, franche et abondante, car c'est à la quantité qu'il faut particulièrement s'attacher et non à la trop grande finesse. Le meilleur âge d'un Bélier est de 2 à 4 ans.

D. Quand un Troupeau est bien composé que doit-on faire pour l'améliorer?

R. **Afin** de faciliter au Berger les moyens de reconnaître les meilleures générations le Maître doit tenir un registre sur lequel figurent par leurs n[os] tous les animaux. Lorsque l'on connaît les meilleures nourrices, celles qui donnent les plus beaux produits, il faut s'attacher particulièrement à leur croît et conserver ce qui provient des meilleures familles. Un bon Berger et le Maître qui suit bien son Troupeau doivent les reconnaître jusqu'à la quatrième génération (1). Il faut aussi donner beaucoup de soins au choix des Béliers, les garder à l'écurie pendant l'accouplement, les mettre tour-à-tour pendant quatre ou six jours avec des Brebis, afin de pouvoir juger sur le produit de chacun et réformer celui qui en donnerait de mauvais. Lorsque l'on a un Étalon distingué on peut lui faire faire jusqu'à 4 accouplements en ayant soin de ne

_____

J'ai élevé pendant 15 années un Troupeau mérinos, d'amélioration, et j'ai reconnu pendant 4 à 5 générations le croît d'un Bélier distingué par la beauté de ses formes, par la quantité de laine qu'il produit et par la finesse. Il était désigné sous le nom de Corbeau; son croît était recherché des propriétaires de Troupeaux Métis.

pas l'accoupler aux femelles qui proviennent de lui.

On ne laisse ordinairement faire que deux accouplements à chaque Bélier dans la même troupe. Le croisement est nécessaire à l'amélioration des Troupeaux.

D. *A quel âge doit-on faire accoupler les femelles ?*

R. Lorsqu'elles sont fortes, on peut les faire accoupler à 18 ou 20 mois, il est plus convenable de ne le faire qu'à deux ans et demi; c'est le moyen d'acquérir de la taille, surtout lorsque l'on a choisi les bêtes de la plus grande branche et que l'on nourrit abondamment.

D. *Quels soins doit-on donner lors de l'Agnelage?*

R. Le berger et le maître doivent non seulement surveiller dans le jour, mais encore la nuit, afin d'aider la brebis dans son accouchement difficile.

L'ouvrage de M. Daubenton indique les moyens à employer; il faut avoir soin de mettre à part la brebis et son agneau lors que la mère ne veut pas le reconnaître. Il arrive souvent qu'après un emprisonnement de quelques jours, la mère reconnaît son agneau.

On la passe alors dans l'enceinte réservée aux mères qui doivent être séparées de celles qui n'ont pas encore mis bas.

Lorsque les agneaux sont assez forts pour

manger, il faut les séparer et ne les réunir à leurs mères que pour les faire téter, d'abord trois fois par jour, et ensuite deux fois jusqu'au sevrage.

D. *Comment doit-on nourrir les Moutons ?*

R. Les Moutons n'ont pas besoin d'une nourriture aussi substantielle que les Brebis ; il n'est pas nécessaire de leur donner à l'auge ce que l'on appelle la provende, à moins que l'on récolte beaucoup de racines. On peut leur donner le matin en hiver la paille d'avoine ou de blé ; à neuf heures, le trèfle ou luzerne, et en même temps la provende composée de balles de blé et de racines hachées (betteraves ou pommes de terre cuites) mélangées et mises à l'auge ; à trois heures, afourrée en foin naturel lorsqu'on en a, car il est bon d'alterner le trèfle et la luzerne ; à moins que l'on ait des racines rafraîchissantes ; le soir on peut donner la paille. Les excréments des animaux annoncent si la nourriture qu'ils reçoivent leur est convenable ; lorsque l'on s'aperçoit qu'elle est échauffante on leur donne une nourriture rafraîchissante ; si au contraire les animaux sont relachés on leur procure une nourriture confortable.

La gentiane pulvérisée, les baies de genièvre mélangés avec le sel ajouté à la provende sont nécessaires au mouton. Il est bon d'en donner chaque jour à petite dose. Si l'on ne donne pas à

manger à l'auge, on fait fondre le sel dans une
grande étendue d'eau, on y mélange la poudre
de gentiane et l'on asperge le fourrage une fois
par jour ; les Moutons sont très avides de ce mélange qui leur procure de l'appétit et de la santé.

Il ne faut pas donner trop souvent à manger aux
Moutons ; on les fatigue inutilement par des dé-
rangements trop multipliés en sortant de l'écurie,
car ils doivent nécessairement sortir à chaque repas; il suffit de donner abondamment quatre fois
par jour et à heure fixe.

D. *Comment doit-on nourrir les Brebis?*

R. Il faut donner aux Brebis une meilleure
nourriture qu'aux Moutons; à commencer un
mois avant l'agnelage et après, jusqu'au sevrage,
le matin, foin naturel ou sainfoin; à neuf heures,
provende mélangée de racines cuites (pommes
de terre et balles de blé ou avoine et son mélangé) trèfle au ratelier ; a trois heures, luzerne, provende ou racines crues (carottes,
panais ou betteraves mélangées avec le son ou
les balles de blé), ce mélange facilite la digestion ; le soir, une afourée de paille. Il est
bon de donner chaque jour le sel et la gentiane ;
on peut faire arracher cette racine dans les bois
des environs. On la fait sécher au soleil et on
la broie à la pierre d'huilerie.

Il suffit de cinq à six cents livres de cette
racine desséchée et de trois à quatre cents livres

de sel par an pour un troupeau de 400 bêtes pendant qu'on les nourrit à l'étable.

Il faut autant que possible séparer aux écuries les moutons de différents âges, car les plus forts fatiguent les faibles et les privent de la meilleure nourriture. Il faut avoir en tout temps de l'eau dans des baquets à la bergerie (1).

D. Quels sont les soins à donner aux Pâturages?

R. Il ne faut jamais faire pâturer les Moutons lorsqu'il y a des gelées blanches, du verglas et des givres, car cela leur donnerait des coliques et ferait avorter les Brebis.

Il faut généralement n'envoyer les Moutons au pâturage, lorsqu'il y a des rosées, qu'après leur

_____

(1) On peut bien nourrir cent Moutons au fourrage sec, avec:

1er repas, paille d'avoine . . . . 50 livres.

2e repas, trèfle ou luzerne . . . . 50.

Provende à l'auge, pommes de terre cuites, ou trois doubles décalitres cuites au four 50

Balles de blé, avec sel, gentiane pulvérisée et mélangée 25

3e repas, luzerne ou sainfoin 50

Le soir, paille de blé 75

Total . . . . 300 livres.

avoir donné à manger à l'écurie, ou bien attendre que le soleil ait donné sur les plantes.

Comme le temps n'est pas éloigné où la vaine pâture doit cesser par la force des choses mêmes, il faudra se créer des pâturages pour pouvoir nourrir des troupeaux sur son domaine ; le Berger aura le soin de ne pas faire pâturer le sainfoin lors de la première pousse ; il faut attendre qu'il soit un peu avancé en feuilles, car les Moutons détruiraient la plante si on leur faisait manger la première pousse. On peut faire pâturer en tout temps la pimprenelle ; les rai-gras et le fromental ; la minette ou lupuline ne doit être pâturée que lorsque le soleil a séché la rosée qui se prolonge souvent jusqu'à neuf heures du matin. Il convient mieux de n'envoyer les Moutons que dans l'après midi dans cette prairie artificielle ; on fera consommer à l'écurie la luzerne et le trèfle. Les gesces, les vesces et les pois doivent être pâturés s'ils ne se trouvent enclavés dans les récoltes ; dans ce dernier cas, on les fait consommer à l'écurie.

Il ne faut, en aucun temps, faire pâturer les prés naturels, car la dent est contraire à plusieurs plantes, et plusieurs plantes sont contraires à la santé des Moutons, surtout dans les prés bas et marécageux.

D. Peut-on nourrir au vert à l'écurie pendant plusieurs mois?

R. L'expérience a prouvé que l'on peut nourrir des moutons toute l'année à la bergerie, tant au sec qu'au vert, et les entretenir en parfait état de santé. Ils donnent une laine plus pesante et meilleure que lorsqu'ils vont au pâturage toute l'année.

Lorsque les terres que l'on cultivent sont enclavées et que l'on ne peut les faire pâturer, on nourrit le troupeau à l'écurie au vert avec la luzerne, la lupuline, le trèfle, le sainfoin, les vesces, les jarousses, etc. On peut commencer au quinze mai par la luzerne, que l'on aura soin de mélanger, avec du fourrage sec pendant plusieurs jours, et en distribuant six à sept repas par jour de crainte des météorisations. Après quelques jours on pourra donner ce vert pur; il serait bon de donner un repas en fourrage sec pour la nuit. Lorsque la luzerne viendra dure, on donnera la lupuline, le sainfoin, les vesces, les jarousses, puis le trèfle lorsqu'il sera fleuri, et quand la luzerne, première coupe, sera assez repoussée, on en fera une seconde coupe en attendant que les terres emblavées en céréales soient dépouillées, ce qui arrive du quinze au vingt août et alors on enverra le troupeau au pâturage

Il faut avoir soin de faire provision de vert pour un jour crainte de pluie, et d'étendre le fourrage sur des claies dans la grange de crainte

qu'il ne s'échauffe. Il faut aussi avoir une provision de fourrage sec pour en donner en temps
de pluie et faire une abondante litière.

La dépense que nécessite la nourriture à l'é-
curie est à peu près la même ; le berger peut
suffire pour faucher, amener le fourrage et donner les repas aux moutons ; on bénéficiera sur les
fumiers qui seront abondants.

D. *Quelle quantité de fourrage vert est nécessaire
à la nourriture d'un Mouton de taille moyenne, pour
chaque jour ?*

R. Il faut huit livres de fourrage vert ou
deux livres de fourrage sec pour un gros Mouton, moitié pour un agneau. Cent Moutons con-
sommeraient par conséquent par chaque jour
huit cents livres ; pour un mois, vingt-quatre
mille ; pour trois mois, soixante-douze mille,
Il faudrait, pour la nourriture de trois mois
en vert à l'écurie, la récolte d'un journal de luzerne qui peut rapporter quatre milliers sec
ou . . . . 16 milliers en vert.
Deux journaux en minette
ou lupuline ou vesse ou ja-
rousse. 16   id.
Deux journaux en trèfle à
douze mille. 24   id.
Deux journaux en sainfoin. 16   id.

Total. . . . . 72 milliers en vert.

Il faudrait par conséquent sept journaux pour cent moutons, ou quatorze journaux pour deux cents pendant trois mois.

Ceci démontre suffisamment qu'un fermier intelligent, cultivant un domaine en montagne, sans prairie naturelle, de la contenance de deux cents journaux de trente-quatre ares vingt-huit centiares chaque, d'une valeur locative de douze cents francs, peut nourrir deux cents moutons, deux chevaux, quatre bœufs et deux vaches, même en cultivant triennallement.

On retirerait de la masse pour rester ensemencé pendant quatre à cinq ans :

1° Quarante journaux des plus mauvaises terres en prairie artificielle pour pâturage ;

2° Quatre journaux en luzerne sur les terres de première classe ;

3° Vingt journaux en sainfoin sur les terres de deuxième et troisième classe, les plus convenables.

Les cent trente-six journaux restants étant répartis par tiers seraient ensemencés les deux tiers en céréales, et le tiers au lieu de jachères en prairies artificielles, racines, plantes oléagineuses, etc., ainsi qu'il suit :

Quinze journaux en trèfle peuvent rapporter en deux coupes, trois mille au journal en foin. . . . . 45 mille.

Dix journaux en minette ou lupu-

Report. . . 45 mille.

line, une coupe, deux mille au
journal. **20**

Cinq journaux en sainfoin, pour
un an seulement, deux mille au
journal. **10**

Cinq journaux en vesce ou ja-
rousse, deux mille au journal. . . **10**

Plus, les quatre journaux en luzerne, quatre mille au journal. . . **16**

Vingt journaux en sainfoin peu-
vent donner deux mille au journal. . **40**

Total. . . . . . 141 mille.

Cinq journaux en racines.

Et cinq id. en navette, colza ou haricots, etc.

D. Quelle serait la quantité de Fourrage nécessaire
à la nourriture des Moutons, Chevaux, Bœufs et
Vaches nécessaires à l'exploitation ci-devant ?

R. En admettant que les quarante journaux
en pâturage et la pâture à faire sur les terres
emblavées en céréales et sur les reguins de sainfoin
et après la récolte, seraient suffisants à la nourriture des Moutons, Bœufs et Vaches, pendant
quatre mois, ce qui paraît probable.

Il faudrait, pour la nourriture de deux cents
Moutons, pendant huit mois, à deux livres de

foin par tête chaque jour, non compris paille et
racine, quatre-vingt-seize mille de foin,
ci. . . . . 96 mille.

Pour la nourriture de deux chevaux, un an, à cinquante livres
par jour. 18

Resterait vingt-sept mille pour être employés à
la nourriture des bœufs et vaches ; cette quantité de fourrage, jointe aux paille d'avoine, balle
de blé et racine, serait plus que suffisante à la
nourriture des animaux en tout genre, et la
paille de blé serait employée à faire des fumiers.

D. *Quels sont les Traitements que doit suivre un
Berger dans les différentes maladies des Moutons?*

R. Un Berger intelligent peut prévenir la perte
de beaucoup de Moutons. Le Maître doit surveiller aussi le troupeau à l'écurie, il doit assis-
ter au premier repas que l'on donne, et s'il y a
un malade il l'aperçoit facilement et lui adminis-
tre un prompt remède ; il juge de la maladie à
l'attitude du Mouton. S'il y a indigestion, le
Mouton tient la tête basse et immobile ; s'il est
constipé ou bouché, il lève la tête et écarte les
jambes en pliant les reins ; si c'est le sang qui se
porte à la tête, il est haletant, les yeux gonflés
et rouges ; ces différentes maladies sont les plus
communes, et l'on peut les guérir sans le secours
d'un vétérinaire.

Pour l'indigestion qui, souvent, est causée

pour avoir mangé beaucoup de provende, on prend une tasse d'eau sucrée à laquelle on ajoute d'abord trente gouttes d'éther que l'on fait avaler à l'animal, et si l'on répète on en met vingt-cinq gouttes en diminuant jusqu'à guérison. On doit donner des lavements toutes les demis-heure et d'heure en heure l'eau sucrée et l'éther. Ce remède est infaillible lorsqu'il est donné à temps.

Pour la constipation, on peut faire avaler, à plusieurs reprises, l'eau de son sucrée ; on doit aussi donner force lavements.

Lorsqu'un Mouton est échauffé, haletant et les yeux gonflés, c'est l'annonce d'un coup de sang qui fait périr l'animal en peu de temps s'il n'est secouru ; il faut aussitôt saigner à la veine de l'œil, ou, si l'on ne sait pas saigner, couper les oreilles du côté du corps, près de la tête, jusqu'au tiers, on atteint alors une veine qui suffit pour guérir le Mouton ; on peut encore lui couper la queue et lui donner plusieurs lavements.

Les Moutons sont sujets à avoir un insecte que l'on appelle *Pou-des-Bois*. Il s'attache fortement près des oreilles et sur le garrot ; il fait venir des boutons qui ressemblent à la gale, en faisant tomber la laine en cette partie. Le Berger doit prévenir cet accident lorsqu'il s'aperçoit que le Mouton donne la patte sur le mal. Il faut alors le surveiller et enlever l'insecte qui

se gonfle du sang de l'animal, verser ensuite
un peu d'essence de térébenthine sur le bouton,
et la guérison arrive aussitôt.

Il faut aussi avoir grand soin d'arrêter les progrès de la gale qui se manifeste souvent par suite
d'une sueur rentrée. Le meilleur remède est l'huile
de tabac. On prend une livre de tabac à fumer que
l'on fait bouillir dans huit litres d'urine réduits
à moitié. On y ajoute un demi-litre d'essence de
térébenthine ; au moyen d'un tampon on imbi-
be cette liqueur sur la partie où la gale se manifeste, et l'on en arrête les progrès.

DE LA MÉTÉORISATION.

Les Moutons sont encore sujets à la météorisa-
tion lorsqu'ils ont mangé de jeunes trèfles, des
luzernes, etc. Le remède indiqué en pareil cas
pour les bœufs et les vaches doit être employé
pour les Moutons, au sixième de la dose seulement.

DU CLAVEAU DES MOUTONS.

Lorsqu'on apprend que le Claveau est dans
les troupeaux voisins, il faut bien se garder de
communiquer ni au pâturage, ni dans les chemins
où passent les troupeaux infectés. Si l'on est à peu

près certain de ne pouvoir pas éviter le claveau, et
surtout si l'on est dans une saison convenable, tel
que l'automne ou le printemps, il ne faut pas
hésiter à faire inoculer l'animal; il faut pour
cela choisir un Mouton atteint du Claveau le
plus bénin et qui soit d'un beau sang. On peut
claveliser à la lancette et à l'aiguille. Il suffit d'y
ajouter un fil que l'on trempe dans le virus, l'on
passe l'aiguille sous l'épiderme et on presse le fil
contre la peau. Lorsqu'il a atteint l'endroit où se
trouve le virus l'opération est terminée. Il ne
faut pas inoculer trop profondément, car on
risquerait des suites fâcheuses, tel qu'il m'est
arrivé, ainsi qu'à d'autres, pour avoir passé le
fil entre cuir et chair.

Il a fallu un pansement continuel pendant
plus de quinze jours, et, malgré tous les soins,
la perte a été de deux pour cent. Il faut bien
surveiller le troupeau jusqu'à guérison, qui s'o-
père quelque fois sans le moindre traitement;
il faut éviter qu'il soit mouillé et le préserver
de trop de chaleur ou d'humidité.

On guérit la maladie du piétin avec le vitriol
pulvérisé et avec la térébenthine.

On ne saurait trop recommander aux cultivateurs de se procurer de bons bergers. Les
propriétaires qui connaissent la manière d'élever et de soigner un troupeau, lorsqu'ils ren-
contrent dans un jeune homme des dispositions,

auraient avantage à en faire un berger, il serait préférable à ces vieux charlatans qui disent tout savoir et qui ne savent rien. On ferait apprendre au jeune homme à saigner à la veine de l'œil ; on lui apprendrait aussi à saigner toutes les autres maladies, ou plutôt il l'apprend lui-même si, comme il arrive souvent, il entrait dans ses goûts d'en faire son état.

De tous les animaux que nourrissent les cultivateurs, c'est le troupeau de Moutons qui demande le plus l'attention du maître, car lorsqu'il est bien dirigé et bien tenu il doit seul produire de quoi payer la location de la ferme. Un troupeau de 400 bêtes doit produire 1,200 livres de laine à 2 fr. 50 c. . . . . 3,000 fr. La vente de 100 bêtes de réforme, qui sont remplacées par le croît, à 15 fr. pièce. 1,500

Ce qui fait le total de. . . 4,500 fr.

Ce qui prouve que l'on doit principalement s'attacher à la nourriture d'un grand troupeau, dût-on y sacrifier les revenus de la moitié des terres.

Les fumiers par leur bonté sont encore d'un très grand avantage. La moitié des terres bien fumée et bien cultivée produira presqu'autant que la totalité étant mal faite.

On peut citer des fermiers de notre canton qui paient leur fermage du seul produit de leurs troupeaux.

CHAPITRE VIII.

DES BATIMENTS DE FERME ; DES LOYERS DE FER-
MAGE ; COMPTES A SE RENDRE DES DIFFÉRENTS
ASSOLEMENTS ; PROFITS ET PERTES , ETC.

D. *Comment doivent-être bâties les Fermes ?*

R. Les Bâtiments de Ferme doivent être cons-
truits de manière à former un carré au centre ,
assez grand pour servir de cour et de place à fumiers. Ils doivent être assez vastes en tout genre
et en proportion de l'étendue des terres et prés
qui en dépendent pour pouvoir loger toutes les
récoltes, tant en céréales et fourrages de toute espèce, qu'en racines. Les Écuries doivent avoir
une étendue proportionnée à la quantité de
bétail que l'on peut nourrir, et être placées sai-
nement et bien aérées. La culture pratique exige
un local beaucoup plus grand que la culture
routinière.

D. *Quelle est l'étendue des Terres et Prés dans les
grande, moyenne et petite Cultures ?*

R. On considère comme grande culture un Domaine en vallon (1), composé d'environ cent hectares de terres et quinze hectares de prés naturels ; sa valeur locative est d'environ 5,000 fr.

En montagne, il se compose d'environ cent cinquante hectares en terres seulement, car dans la plupart il n'existe point de prairies naturelles ; sa valeur locative est d'environ 3 à 4,000 fr., selon la bonté des terres.

Comme culture moyenne en vallon, le Domaine composé d'environ quarante hectares de terres et de six hectares de prés naturels ; sa valeur locative est d'environ 2,000 fr.

En montagne, d'environ soixante-dix hectares de terres seulement, en valeur d'environ 1,500 fr.

Comme petite culture, en vallon, un petit Domaine composé d'environ vingt hectares de terres, deux à trois hectares de prés naturels, d'une valeur locative d'environ 1,000 fr.

---

(1) La classification de domaine en vallon comprend les terres et prés de vallée avoisinant les rivières, appelées terres d'alluvion ; elles sont en petite quantité dans le canton de Montbard, les vallons étant très resserrés. La majeure partie de ces domaines sont composés de terre en coteau, la plupart argilocalcaires et argilo-siliceuses (terres à blé) et quelques terres calcaires en montagne.

En montagne, d'environ trente hectares de terre, seulement d'une valeur de 600 fr.

DES COMPTES DE GESTION.

D. Que doit faire un Cultivateur lorsqu'il prend une Ferme à loyer?

R. Lorsqu'un cultivateur prend une ferme, il doit examiner à l'avance la dépense qu'il est obligé de faire pour sa culture et ses récoltes ; examiner ensuite si les produits qu'il pourra en tirer seront suffisants pour le rembourser de ses dépenses, de l'intérêt des avances qu'il est obligé de faire et du paiement du fermage, en lui laissant un honnête bénéfice qui puisse le couvrir en cas de sinistres.

La majeure partie des cultivateurs qui tiennent des fermes, depuis dix-huit à vingt-sept ans, les ont cultivées routinièrement, sans s'être rendu compte des produits et des dépenses, des profits et des pertes sur les différentes terres qui composent le domaine qu'ils cultivent ; aussi en voit-on souvent qui se trouvent ruinés, malgré leur travail, sans qu'ils sachent ce qui a pu occasionner leur ruine.

D. Comment le Cultivateur doit-il tenir son Compte de gestion?

R. Après avoir établi la dépense à faire sur chaque journal de terre, tant pour location, labour, semence que récolte, suivant la difficulté

6

du terrain et sa valeur locative, il doit comparer les dépenses avec les revenus; et toute pièce de terre qui présente constamment des pertes doit être employée en pâturage pendant quatre années sur huit. Les améliorations qu'elle acquerra pendant les quatre années de pâturage pourront combler ses pertes sur les quatre années suivantes qui seront en culture; car, toutes les fois que l'on est forcé de perdre, il faut faire en sorte que ce soit le moins possible.

EXEMPLE : *Pour une Ferme de moyenne culture en vallon.*

On suppose un domaine composé de 51 hec., environ 150 journaux de 34 ares 28 centiares; de 7 hect. de pré, environ 21 soitures : le tout en valeur de 3,000 fr. que l'on peut évaluer, savoir : 21 soitures de pré, à 35 fr.   735 f.

Terre 1ʳᵉ classe, 80 journ., à 18 fr.		1,440
Id. 2ᵉ classe, 40 journ., à 15 fr.		600
Id. 3ᵉ classe, 20 journ., à 5 fr.		100
Id. 4ᵉ classe, 10 journ., à 3 fr.		30
Chenevière, jardin, verger.		95
	TOTAL.	3,000 f.

DÉPENSES PRÉSUMÉES.

Gages de deux domestiques de charrue et d'un berger, non compris la nourriture   700 f.

Report.	700f.
Mémoire du bourrelier, pour entretien des harnais.	75
Mémoire du maréchal.	100
Idem du charron, pour entretien des outils aratoires.	75
Pour bois de chauffage et charronnage.	200
Pour faucheurs ou moissonneurs, non compris la nourriture.	400
Intérêt d'un matériel de 8,000 fr., à 10 p. 0/0.	800
Pour blé d'ensemencement et nourriture, 350 doub. décal. qui seront retirés sur la récolte. (Mémoire.)	«
Pour achat de deux petits cochons, pour être nourris et consommés.	60
Pour frais de ménage, nourriture, entretien de la famille, compris les laitages, volailles, légumes, etc.	900
Pour impôts mobilier, portes et fenêtres, etc.	75
Pour première mise d'achat en graines de prairies artificielles en tout genre, 600 fr., réparties pour six années, les graines devant être récoltées à la suite.	100
Et pour le loyer de ferme.	3,000
TOTAL.	6,485 f.

PRODUITS PRÉSUMÉS DES VENTES.

La vente du produit, en laine, de 200 moutons, 600 liv., à 2 fr. 50 cent. la liv. fait.   1,500 f.

Devant élever, chaque année, 40 agneaux, on pourrait vendre 30 moutons à 15 fr.   450

Vente de 210 doub. décal. de navette ou colza pour 200, payables à 4 f. 75 c.   950

Vente de 1,200 doub. décal. de blé, déduction faite des semences et pour nourriture de la famille et des ouvriers, à 3 fr. 25 cent.   3,900

Bénéfice présumé sur l'engraissement de quatre bœufs.   400

Vente de deux bœufs ou vaches, nourris à la ferme, à l'âge de 3 ans.   350

Vente d'un poulain, chaque année, à l'âge de 3 ans.   400

TOTAL.   7,950 f.

Le bénéfice net serait de 1,465. On présume que l'usure des chevaux se trouverait compensée par l'amélioration du bétail en tout genre.

ASSOLEMENT.

Avant d'établir son assolement on pourra retirer de la rotation, si les terres sont convenables, dix journaux pour luzerne, dix pour sainfoin et quinze pour pâturage, pour plusieurs années. Les cent-quinze journaux restants seraient cultivés par un assolement de quatre ans, tel qu'il est indiqué au chapitre suivant; en sorte que l'on récolterait chaque année quarante-sept journaux en blé, vingt-trois en avoine, dix en navette ou colza, dix en racines, vingt en trèfle ou minette et cinq en féverolles.

PRODUITS PRÉSUMÉS DES RÉCOLTES EN TOUT GENRE.

BLÉ.

	quantité de gerbes.
Blé, champ Morotte, 6 journaux,	700
Blé, 2 j.	220
Id., 8 j.	900
Id., champ des Plantes, 12 j.	1,380
Id., champ Coles, 6 j.	230
Id., champ des Ruches, 4 j.	120
Id., champ de l'Abreuvoir, 9 j.	1,050
TOTAL.	4,600

En supposant trois gerbes au double décalitre, donnent 1,553 doubles décalitres.

AVOINE.

	quant. de gerb.
Avoine, sous la Vigne, 6 journaux,	360
Avoine, aux Grandes-Murailles, 8 j.	680
Id., au Bruille, 6 j.	350
Id., en la Roture, 3 j.	100
TOTAL.	1,490

A deux gerbes et demie au double décalitre, donnent 594 doubles décalitres.

COLZA ET NAVETTE.

Colza, champ Naudet, 5 j. ont produit, en doubles décalitres,	120
Navette, champ Naudet, 5 j.,	90
TOTAL.	210

Févrolles sous le Bois, 5 journ. ont produit, en doubles décalitres,   125

PLANTES FOURRAGÈRES.

Prés naturels, 21 soitures, irrigués, à 3,000 par soiture,	63,000
Trèfle, au champ Naudet, 10 journ., à 2,500, première coupe,	25,000
2ᵉ coupe, enfouie pour engrais,	
Trèfle en la Roture, 10 journ., deux coupes	35,000
Luzerne aux Plantes, 10 journ., trois coupes, 5,000 chaque,	50,000
Sainfoin Morotte, 10 journ., à 3,000 chaque,	30,000
TOTAL	203,000

Pâturage pour quatre années, 15 journaux, mémoire.

RACINES.

Pommes-de-terre, aux Plantes, 5 journaux

ont produit environ   40,000 pesant.

Betteraves, 3 j. ont produit   45,000.

Carottes , 2 j. ont produit   20,000

TOTAL   105,000 pesant.

Du produit des plantes fourragères, racines, pâturages naturel et artificiel, on pourra nourrir deux cents moutons ou brebis, vingt bêtes à cornes et six chevaux. Les avoines, après la semence prélevée, seront consommées par le bétail, ainsi que les féverolles; je n'évalue point ces produits, de même que les pailles et fumiers, qui demanderaient des écritures trop multipliées ; il suffira d'établir les dépenses à faire sur chaque pièce de terre, et d'en comparer les produits, ainsi qu'il suit.

EXEMPLE :

Blé , champ Colas , 5 journaux ensemencés sur lupuline , 2 labours, à 6 fr.   60 f.   c.

20 doubles décalitres, semence ,
à 3 fr. 25 cent.   65

Pour transport de 20 voitures de
fumier, à 1 fr. 50 cent.   30

Pour l'épanchage et sarclage   9

Pour moisson et transport de gerbes, entissage   30

Pour battage   6

Location   25

TOTAL   225 f.   c.

Recette présumée, 63 doubles décalitres à 3 fr. 25 cent.   204 f. 75 c.

Perte   20 f. 25 c.

Blé, champ du Rocher, 4 journaux, ensemencés sur lupuline, 2 labours à 6 fr.   48 f.

16 doub. décal., semence, à 3 f. 25 c.   52
Sarclage   4
Moisson, transport des gerbes   22
Battage   4
Location   12

TOTAL   142 f.

Recette présumée, 40 doubles décalitres, à 3 fr. 25 cent.   130 f.

Perte   12 f.

Ces deux classes de terre doivent être mises en pâturage pendant quatre années.

Blé, champ Morotte, semé sur plante sarclée, 6 journaux fumés, 2 labours, à 6 fr.   72 f.

Pour moitié du transport des fumiers et épanchage   20
Pour 24 d. décal., semence, à 3 f. 25 c.   78
Pour sarclage et moissonnage   30
Pour transport de 700 gerbes et entissage   15
Pour battage   25
Location de 6 journaux, à 18 fr.   108

TOTAL   348 f.

Produit présumé, 233 doubles décalitres blé,
à 3 fr. 25 cent.   757 f. 25 c.

Bénéfice   409 f. 25 c.

Il faut de toute nécessité que l'agriculteur se
rende compte des bénéfices et des pertes qu'il
peut faire sur les différentes terres qu'il cultive,
afin de pouvoir suivre un assolement qui lui sera
profitable. Je citerai pour exemple une ferme en
montagne, partagée par moitié, et j'en prends
l'une des parties pour base; elle se compose d'environ soixante-huit hectares ou deux cents journaux, de trente – quatre ares, vingt-huit centiares.

Le cultivateur doit classer les terres et les évaluer approximativement, selon leur valeur, d'a-
près le prix de location, que je porte à 1,200 fr.

1er classe, 50 journ.,	à 12 fr. chacun	600 f.
2e Idem,	à 8 fr.	400
3e Idem,	à 3 fr.	150
4e Idem,	à 1 fr.	50
	Total.	1,200 f.

Il doit ensuite se rendre compte des dépenses
à faire sur les terres de chaque classe et des produits qu'il pourra en retirer, afin de fixer son
assolement.

D. *Quels sont les bénéfices et les pertes présumés
dans cette exploitation ?*

R. Je prends pour base l'ancienne culture routinière, afin d'établir des comparaisons avec la
culture pratique.

Dépenses. — 1re classe, 1 journal pris en jachère, trois labours, compris l'enterrement de la
semence. Ces labours pourront être faits par un
homme et 2 chevaux ou 2 bœufs : à 4 f. chacun.

	f.	c.
3 labours, à 4 fr. chacun	12	
3 doubles décalitres de blé pour ensemencement, à 3 fr. 25 cent.	9	75
Transport des fumiers et pour l'épancher, sarcler la plante, en supposant que l'on fume la moitié des terres en blé	3	50
Moisson et charroi des gerbes	5	50
Battage	4	50
Location pour deux années, compris celle en jachère, à 12 fr.	24	
Total	**59 f.**	**25 c.**

2e classe, 1 journal ensemencé en blé, sur jachère et 3 labours

	f.	c.
	12	
3 doubles décalitres de blé, pour semence, à 3 fr. 25 cent.	9	75
Transport de fumier, etc., comme ci-dessus	3	50
Moisson et charroi de gerbes	5	
Pour battage	3	
Location pour deux années	16	
Total	**49 f.**	**25 c.**

3ᵉ classe , 1 journal , ensemencé sur jachère, 3 labours .... 12 f.   c.

3 doubles décalitres de conceau , pour ensemencement, à 2 f. 50 cent.   7   50

Moisson , sarclage et charroi de gerbes   5

Battage , 2 f. et location pour 2 années , 6 fr.   8

TOTAL   32 f. 50 c.

4ᵉ classe , 1 journal ensemencé sur jachère , 3 labours , à 3 fr. 0 cent.   10 f. 50 c.

3 doubles décalitres de seigle, pour semence , à 2 fr.   6

Moisson , sarclage et charroi de gerbes   3   50

Battage, 1 fr. , location de 2 années , 2 fr.   3

TOTAL   23 f.   c.

Avoine , première classe , sur un seul labour   4 f. 50 c.

3 doub. décalitres d'avoine, pour semence , à 1 fr. 25 cent.   3   75

Pour herser, rouler et sarcler   1   50

Moisson et transport des gerbes   4

Battage, 2 fr. 50 cent., et location pour une année, 12 fr.   14   50

TOTAL   28 f. 25 c.

2ᵉ classe, 1 journal, 1 labour   4 f. 50 c.

3 doub. décalitres d'avoine, pour semence, à 1 fr. 25 cent.   3   75

Pour herser. rouler, sarcler, moisson et transport   5   50

Battage, 1 fr. 50 cent., et location pour une année, 8 f.   9   50

Total   23 f. 25 c.

3ᵉ classe 1 journal, labour, 4 fr. ; 2 doub. décalitres et 1/2 de semence, à 1 fr. 25 centimes, font 3 f. 12 c. ; herser et sarcler 1 f.   8 f. 12 c.

Moisson, transport de gerbes et battage   5

Location pour une année   3

Total   16 f. 12 c.

4ᵉ classe, 1 journal, labour 3 f. 50 c. ; 2 doub. décalitres 1/2, 3 fr. 12 cent.   6 f. 62 c.

Moisson, transport et battage, 4 f.; location, 1 fr.   5

Total   11 f. 62 c.

RÉCAPITULATION.

Blé, 1ʳᵉ classe	59 f.	25 c.
2ᵉ Id.	49	25
3ᵉ Id.	32	50
Total	141 f.	00 c.

	Report.	141 f.	00 c.
4e	Id.	23	
Avoine, 1re	classe	28	25
2e	Id.	23	25
3e	Id.	16	12
4e	Id.	11	62
	TOTAL	243 f.	24 c.

PRODUITS.

Blé, 1re classe : 1 journal peut produire de 80 à 90 gerbes qui peuvent donner 22 doubles décalitres, à 3 fr. 25 cent.　　71 f. 50 c.

2e classe : 1 journal peut donner 16 doubles décalitres　　52

3e classe : 10 doubles décalitres conceau, à 2 fr. 50 cent.　　25

4e classe : 6 doubles décalitres de seigle, à 2 fr.　　12

TOTAL　　160 f. 50 c.

Avoine, 1re classe : 1 journal peut donner 25 doubles décalitres, à 1 fr. 25 cent.　　31 f. 25 c.

2e classe : 16 doubles décalitres　　20

3e Id. 10 Id.　　12 50

4e Id. 6 Id.　　7 50

TOTAL GÉNÉRAL　　231 f. 75 c.

La dépense étant de	243 f.	24 c.
Et les produits de	231	75
Il y a perte de	11 f.	49 c.

Dans la culture triennale il se trouve sur la quantité de terres précitées 16 journaux 2/3 en première classe, donnant 12 fr. 25 cent. de profit par journal, fait, pour 16 journaux 2/3 204 f. 16 c.

Blé, 16 journaux 2/3, 2ᵉ classe, à 2 fr. 75 cent. de bénéfice   45   83

Avoine, 1ʳᵉ classe, 16 journaux 2/3, à 3 fr. 50 cent. de profit   50

TOTAL DES BÉNÉFICES   299 f. 99 c.

Blé, 3ᵉ classe, 16 journaux 2/3, à 7 fr. 50 cent. de perte   125 f.   c.

4ᵉ classe, 16 journaux 2/3, à 11 f. 183   34

Avoine, 2ᵉ classe, 16 journaux 2/3, à 3 fr. 25 cent. de perte   54   16

3ᵉ classe, 16 journ. 2/3, à 3 f. 62 c. de perte   60   33

4ᵉ classe, 16 journ. 2/3, à 4 f. 12 c. de perte   6 8   66

TOTAL   491 f. 49 c.

Il résulte de ce compte que la perte excéderait les bénéfices de   191 f. 50 c.

Ajouter l'intérêt du matériel, d'environ 4,000 f., à 10 pour 0/0,   400

TOTAL   591 f. 50 c.

Perte qui n'a pu être couverte que par les produits d'un troupeau d'environ 100 moutons, mal nourris , qui ont donné à peine 240 livres de laine, à 2 fr. 50 cent.   600 f.

Ces résultats prouvent qu'il faut de toute nécessité abandonner la culture routinière , et ne cultiver que les premières et les secondes classes et moitié des troisièmes , l'autre moitié sera ensemencée en sainfoin , pour être récolté, et la quatrième classe sera ensemencée en totalité en prairies artificielles , pour être pâturées.

DES ASSOLEMENS.

D. Quel est l'assolement le plus convenable dans une telle exploitation ?

R. L'assolement est d'une grande importance en agriculture. C'est de l'assolement que dépend la prospérité ou la ruine du cultivateur. Il faut qu'il étudie sur le terrain qu'il cultive celui qui sera le plus productif. Mais pour que ce système soit bon il faut qu'il produise de bonnes récoltes, il contribue en même temps à l'amélioration du terrain; s'il ne réunit pas ces deux conditions il faut l'abandonner et s'en créer une autre qui puisse atteindre ce but. Pour qu'un assolement soit convenable il faut qu'il procure aux cultivateurs un revenu suffisant pour payer le prix du fermage et le faire vivre, en lui procurant un honnête bénéfice; qu'il lui procure la quantité de racines et de fourrages nécessaires à la nourriture d'un

bétail assez nombreux pour fournir chaque année des engrais suffisants à fumer la moitié ou
le tiers des terres composant le domaine, et que
l'assolement soit combiné de manière à occuper,
en toute saison, les hommes et les animaux nécessaires à l'exploitation; il faut surtout s'attacher
à faire produire quantité de prairies artificielles
et de racines, afin de nourrir un nombreux troupeau de moutons. Si le domaine que l'on cultive
est morcelé ou enclavé, on suivra l'assolement
triennal, en supprimant totalement la jachère (1).
On ensemencera quatre journaux en luzerne, pris

_____

(1) Lors même que la vaine pâture serait supprimée,
chaque propriétaire pourrait faire pâturer sur son propre terrain les prairies artificielles qu'il aurait ensemencées : il suffirait d'un réglement dans chaque commune
qui fixerait un passage chaque trois années ; il serait
choisi de préférence sur un point où aboutiraient toutes
les terres; ce terrain serait payé pour la valeur de la
récolte par tous les propriétaires usant de ce passage,
chacun dans la proportion de l'usage qu'il en ferait ; il
serait établi un compte de compensation où chacun paie-
rait et recevrait en proportion du terrain qui serait employé à ce passage.

Il se pourrait même que cette portion de terrain se
trouvant fertilisée par les excréments et les urines des
animaux serait suffisante pour indemniser les propriétaires qui la fournirait

sur la première classe, que l'on remplacera tous les cinq ans par d'autres. Les quatre-vingt-seize journaux restant seront ensemencés : un tiers en blé, un tiers en avoine ou orge ; l'autre tiers, au lieu d'être en jachère, produira quinze journaux en trèfle, deux coupes ; cinq journaux en sainfoin, une coupe ; cinq journaux en pommes de terre ; deux journaux en carottes, navets ou betteraves. La moitié des terres de troisième sera cultivée de la même manière, et rapportera sur jachère des pois, vesces, lentilles, lupuline, raves, etc. Toutes les terres de culture seront fumées lors de l'ensemencement des blés. Les fumiers seront épanchés sur les regains de trèfle et sainfoin, pour être enfouis ensembles lors de l'ensemencement.

D. *Quels seront les produits présumés ?*

R. La récolte de la luzerne, sur 4 journaux, sera d'environ   8,000 k.

Celle de trèfle, sur 15 journ., de   22,000

Celle de sainfoin, sur 30 j., de   30,000

              Total   60,500 k.

Le surplus, tant en vesces qu'en prairies artificielles, sera destiné tant aux pâturages qu'à la nourriture à l'écurie. La récolte des racines pourra s'élever à 30,000 kil. Avec ces produits, les pailles d'avoine et les balles de blé, on pourra

nourrir un nombreux bétail. Les pailles de blé devront être employées pour litière.

D. *Quels seront les produits des récoltes et du troupeau, tant en céréales, qu'en laine, etc.?*

R. Les trente-deux journaux en blé, étant abondamment fumés, pourront donner (première et deuxième classe), 22 doubles décalitres par journal, 704 doubles décalitres, à 3 francs 25 centimes, font . . . . 2,288 f.

32 journ. en avoine ou orge, à 22 doub. decal., ... 880

8 journ. (troisième classe), ensemencés en conceau, fumés, à 12 doub. décal. au j. 96, à 2 f. 50 c. 240

8 journ. en avoine (idem), à 12 di décal. au j. 96, à 1 f. 25 c. . . . 120

160 moutons, bien nourris, donneront 3 livres de laine chacun, ce qui fera 480 liv., à 2 f. 50 c. 1,200

Les 60 brebis pourront donner 45 agneaux. On pourra vendre, déduction faite des pertes, 30 bêtes de réforme, à 15 f. 450

TOTAL   5,178 f.

Les laines d'agneaux couvriront les frais de lavage et de tonte ; les navettes et les colzas restent confondus dans la dépense du ménage.

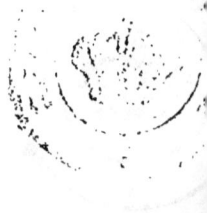

D. *Quelle serait la dépense présumée ?*

R. La location de ferme   1,200 f.

L'entretien et salaire d'une famille de six personnes, tant pour
la culture et les récoltes, que pour
la garde du troupeau   1,500

Pour trois faucheurs, pendant
40 jours, pour les récoltes de foins
et céréales, à 2 fr. 50 c. par jour,
pour salaire et nourriture   300

Pour 350 doub. décal. d'avoine
pour les chevaux, à 1 fr. 25 c.   437 50

Pour l'intérêt du matériel et de
l'ensemencement en tout genre,
porté à 6,000 f., à 10 p. 0/0   600

               Total   4,037 f. 5 c.

Les graines, pour ensemencement de prairies
artificielles, seront récoltées à la suite, sur le domaine.

Il resterait, d'après ce calcul, un bénéfice de
1,140 fr. 50 cent., sur quoi il faudrait déduire
472 fr. pour ensemencement des céréales, quoique cette somme ait été comprise dans le mon-
tant du matériel.

Les terres destinées aux pâturages étant en
grandes pièces, aboutissant la plupart sur des
chemins, il sera facile d'y conduire le troupeau.

D. Pourriez-vous nous indiquer d'autres assole-
ments?

R. L'assolement alterne de quatre années doit
être préféré, tant pour les domaines en montagne
que pour ceux en valon. Pour le bien établir, il
faut numéroter toutes ces terres de culture, ainsi
qu'il suit : pour 50 journaux de première classe.

PREMIÈRE ANNÉE.

Blé sur numéros 1 et 1 *bis*   20 j.

Avoine et semence de trèfle ou minette
n° 2   10

Trèfle ou minette, etc., n° 3   10

Racines, colza ou navette, n° 4   10

DEUXIÈME ANNÉE.

Blé sur trèfle, n° 3   10 j.

Blé sur racines, colza, etc., n° 4   10

Avoine et semence de trèfle ou minette
sur n° 1   10

Trèfle ou minette sur n° 2   10

Racines, colza, etc., sur n° 1 et 1 *bis*   10

TROISIÈME ANNÉE.

Blé sur trèfle, n° 2   10 j.

Blé sur racine, colza ou navette, n° 1 *bis*   10

Avoine avec graine de trèfle, sur n° 4   10

Trèfle, sur n° 1   10

Racines, colza ou navette, sur n° 3   10

QUATRIÈME ANNÉE.

Blé sur trèfle , n° 1   10 j.

Blé sur racine , etc. , n° 3   10

Avoine et graine de trèfle , sur n° 1 *bis* 10

Trèfle , sur n° 4   10

Racine , colza ou navette, sur n° 2   10

Les terres de seconde et de troisième classe sui-vront le même assolement. Les quatre cinquiè-mes de la quatrième classe seront employés au pâturage ; de sorte que sur cent journaux on ré-colterait quarante journaux en blé, vingt en avoine , vingt en trèfle ou minette , etc. , dix en racines et dix en navette ou colza.

En suivant cette rotation les blés , étant plus productifs à la vente, reviendront sur le même terrain deux fois en quatre années. Les avoines, les trèfles , les racines et les colzas n'y viendront qu'une fois.

La culture du Colza a été introduite avantageu-sement par MM. Bazile , Godain et Baudoin , de Châtillon , sur leurs terres de plaine qui peuvent être comparées à celle de première et seconde classe d'Arrans, Agnières, Verdonnet, Savigny, Etais , etc. et généralement de presque toutes les communes de l'arrondissement de Châtillon. Il est à présumer qu'il serait d'un grand produit sur les terres d'alluvion du canton de Montbard et sur toutes les terres meubles de plaine de l'arrondissement de Semur. Le Colza se sème en pépinières sur la fin de juin ; on le repique en septembre à un pied de distance sur une terre préparée et fumée. On en sème aussi, pour rester en place, que l'on cultive et éclaircit en septembre. On bine l'un et l'autre au printemps à la houe à main ; on cultive la terre après la récolte et on l'ensemence en blé.

D. *Quel est l'assolement que l'on doit suivre sur les Fermes en vallon ?*

R. L'assolement de quatre ans paraît préférable sur toute espèce de terre, mais comme les domaines en vallon sont composés de moins de mauvaises terres, on en retirera peu pour mettre en pâturages pour plusieurs années. On y suppléera par des pâturages annuels qui seront plus abondants, les terres étant meilleures.

On peut citer l'assolement suivi à la ferme du Pressoir. Après le défoncement des terres, on a supprimé les jachères et suivi, pendant plusieurs années, la culture biennale sur la majeure partie des terres par blé et fèves, l'autre partie était ensemencée en prairies artificielles. La quantité de bétail nourri du produit des récoltes a permi de fumer annuellement plus de moitié des terres. Depuis 7 ans il a été adopté un nouvel assolement qui, non seulement est avantageux sous le rapport des produits, mais

qui a contribué en outre à améliorer considérablement le domaine.

Par le moyen de ce nouvel assolement les
3/5 des terres sont emblavées, chaque année, en
blé ; le surplus est ensemencé en trèfles, féveroles et racines. Aussitôt les blés et les féveroles fauchés ou moissonnés, on donne un labour
à un pied de profondeur, suivi d'un ou deux
hersage à la herse à couteau traînée par trois
chevaux, à la partie seulement qui est à la première récolte. (Celle qui est à la seconde est des-
tinée aux féveroles, trèfles et racines.) Les fumiers sont conduits et épanchés au moment
même de la semaille du blé que l'on enterrera
à la herse à couteau ; cette méthode a paru
avantageuse, et l'on peut estimer que trois voitures de fumier épanchées et enterrées avec la
semence font plus d'effet que 4 pareilles voitures
jetées sur le terrain quatre mois auparavant. Il
faut avoir plus de bétail au moment de la semaille. Les graines de prairies artificielles sont
semées sur blé au mois de mars et recouvertes
à la herse en fer rond suivie d'un rouleau.

La quantité de graines de luzerne, de trèfle
et de lupuline est de 12 à 15 livres au journal
ou tiers d'hectare, et en graines de sainfoin de
5 à 6 doubles décalitres.

L'on fait aussi quelques carottes et betteraves

et des pommes de terre en plus grande quantité, comme étant d'un produit plus assuré.

Quoique l'on fasse suivre un blé d'un autre, la dernière récolte diffère rarement de la première, quelquefois la surpasse. Il est vrai que le labour profond que reçoit la terre après la première récolte, ramenant à la surface une terre reposée qui reçoit une nouvelle fumure, contribue à l'abondance du produit ; chaque fois que l'on sème du blé la terre est fumée.

Il est certain que l'on peut maintenir, avec avantage, cet assolement qui donne des récoltes en blé doubles de ce qu'elles étaient en suivant la culture triennale. La seconde récolte de blé donne autant de boisseaux qu'elle en pourrait donner en avoine, et la quantité de paille qu'elle rapporte permet de faire une plus grande quantité de fumiers. Par ce mode de culture, les terres qui sont fortes se trouvent en meilleur état, en ce que les labours qui sont faits en été les divisent et font disparaître les herbes parasites.

En suivant ce mode de culture on a pu vendre dans la ferme, pendant les six dernières années, communément 1,250 doubles décalitres de blé ; des produits de cette vente, de ceux des laines et de la vente du bétail nourri et engraissé dans la ferme, pu couvrir toutes les dépenses et recevoir, en excédant de la valeur du fermage, une somme de 1,200 fr. par chaque

année ; tout en améliorant annuellement le domaine de plus de 800 fr. tant par les défoncements, les épierrages, les acqueducs, le chau-
lage des terres et le mélange des sables marneux
dans les terres fortes et des marnes dans les terres
légères ; les résultats obtenus ont prouvé qu'en
agriculture il ne faut pas craindre la dépense,
car l'argent dépensé à l'amélioration des terres
est celui qui rapporte le plus de bénéfice.

RÉPONSE,

Par François GELEZ, à un article inséré au journal
de l'Académie Agricole, du mois d'août 1839, sur
le Binage des Froment et l'Ensemencement, par
le Colonel LECOUTEUR, de Jersy.

Je partage parfaitement l'opinion de M. Lecouteur sur le binage des blés ; l'expérience de
douze années m'a mis à même d'apprécier cet
avantage. J'ai fait biner, comme M. Lecouteur,
à la main avec la pioche pendant deux années,
et m'en suis parfaitement trouvé ; cette méthode
qui est coûteuse, à cause de la rareté des ouvriers, m'a décidé à employer les hersages sur
blés au moment même où ils commencent à former leurs nouvelles racines qui est ordinairement
courant de mars ; pour cela, j'ai fait construire

une herse à dents de fer rond assez longues pour
que l'assemblage ne porte pas sur la plante, dans
la crainte qu'elle n'entraîne quelques brins ; par
ce procédé, on arrache environ une cinquan-
taine des plantes, mais on augmente sa récolte
considérablement en favorisant l'extension des racines qui fait taler la plante et en détruisant les
herbes parasites. Cette opération qui paraît si
utile sur certaine terre, pourrait devenir nuisible sur d'autres ; celles qui sont sujettes à être
soulevées par les gelées, doivent être raffermies
par le rouleau et être hersées avec précaution
plus tard.

L'article précité est tiré d'un ouvrage, publié
par l'auteur, sur les variétés, les propriétés et la
classification des froments.

M. Lecouteur, distinguant les racines séminales des racines coronales, pense que l'ensemencement des blés doit être fait à certaine
profondeur ; 18 millimètres (3 pouces) est celle
qu'il indique comme la plus convenable sur son
terrain, afin, dit-il, que chacune des deux espèces de racines séminales et coronales puissent
remplir leurs fonctions distinctes pour chacune
d'elles ; la distance qui existe entre ces deux racines, il la nomme tube de communication. Je
citerai à cet effet un passage de son article :

L'échantillon n° 2 prouve que 102 jour
après l'ensemencement, c'est-à-dire au 4 mai,

« les deux racines coronales avaient poussé la-
» téralement d'environ 7 millimètres (3 lignes);
» la partie de la racine qui sépare les deux es-
» pèces de racines s'appelle tube de communi-
» cation.

« Il semble que la nature, en établissant le
» tube de communication entre les racines co-
» ronales et séminales, a évidemment démontré
» qu'elles devaient exercer des fonctions dis-
» tinctes, les inférieures servant à charier dans
» la plante les matières nutritives qu'elles em-
» pruntent aux parties profondes du terrain où
» elles pénètrent, et les supérieures à recueillir
» les matériaux nécessaires à la plante qu'elles
» reçoivent de l'atmosphère, des binages, de
» rechargement du sol avec des matières sti-
» mulantes et alimentaires ; quelle admirable
» prévision pour assurer la végétation et le dé-
» veloppement vigoureux d'une plante si néces-
» saire à l'existence de l'homme. »

Je ne partage pas l'opinion de l'auteur au
sujet de l'ensemencement ; l'expérience de nombre d'années m'a démontré qu'en général il ne
faut pas ensemencer toutes espèces de grains
trop profondément : le blé ensemencé de 3 ou
4 pouces de profondeur, si les terres sont un peu
fortes, en sortent difficilement et après avoir
fait de grands efforts, et souvent une partie
reste en terre ne pouvant pénétrer au dehors;

celle qui est sortie, reste en stagnation jusqu'à
ce que les racines coronales soient formées et
fait végéter la plante, tandis que la semence
enterrée à un pouce environ de profondeur sur
un terrain bien cultivé et ameubli se trouve plus
convenablement : 1°, parce que les racines séminales trouvent un terrain meuble et qu'elles
ont la faculté de s'étendre à une plus grande
profondeur et que la plante prend plus de vigueur et de force avant l'hiver ; 2°, parce que
les racines coronales se mêlant aux racines séminales, se multiplient en plus grand nombre et
donnent à la plante des tiges plus nombreuses et
plus fortes, ainsi qu'aux épis.

J'ai ensemencé et enterré à la herse des seigles
avec des arroux et jarosses pour leur servir d'ap-
pui ; j'en ai retiré quelques brins, les uns au
bout de six jours avaient des racines de deux
pouces de longueur, les autres au bout de douze
en avaient quatre.

J'ai encore enlevé quelques plants de froment
qui avaient été enterrés le 10 septembre ; le 17
ils avaient sortis de terre de 2 pouces et les
racines avaient 2 pouces de longueur, le 23 elles
en avaient 4 ; 25 grains provenant du même épi
avaient été enterrés à 1 pouce de profondeur
ont donné 24 germes ; 25 autres ont été enterrés
à 3 pouces n'ont donné que 22 germes, semés
également le 10 septembre ; le 20 ils n'avaient

que 2 pouces de racines, tandis que ceux enterrés à 1 pouce en avaient 3, 4 et même 5 pouces. J'ai trouvé au bout de 20 jours d'ensemencement à 1 pouce de profondeur des blés qui
avaient des racines de 6 pouces de longueur;
en voit que les racines, lorsqu'elles trouvent
un terrain bien cultivé et ameubli, s'enfoncent
profondément et peuvent se soutenir aussi bien
que si la semence avait été enterrée à 3 pouces.
Ce qui me prouve qu'il n'est pas nécessaire
d'enterrer profondément la semence, attendu
que le tube de communication ainsi que les racines séminales profondément enterrées n'exercent
pas des fonctions distinctes comme le dit M. Lé-
couteur; ce sont quantité de plants que j'ai ar-
rachés lorsde la maturité des blés, grand nombre enterrés à 1 pouce possédaient une grande
quantité de racines coronales mélangées aux racines séminales, car on reconnaissait encore l'é-
corce de la semence, les tiges plus fortes et
les épis étaient en plus grand nombre et plus
gros que ceux enterrés profondément qui, en
racines séminales, sont moins nombreuses et
moins longues que celles enterrées peu, et que
le tube de communication n'est pas nécessaire à
la plante, car il s'aminci tellement qu'il n'a plus
l'apparence plus forte qu'une racine coronale, et
toutes les fois que j'ai tiré des touffes ensemencées profondément, j'ai remarqué que les

racines étaient moins abondandes tant coronales que séminales, les tiges en moindre quantité du tiers au quart moins grosses et moins fortes et les épis plus petits. Les racines coronales ne se forment près de la surface que par la nécessité à fin de profiter de l'air, de la chaleur et de l'humidité; on sait que les plantes respirent la majeure partie de la végétation de l'oxigène et des autres éléments combinés, de même qu'un arbre planté trop profondément il végète faiblement jusqu'à ce qu'il ait formé de nouvelles racines près de la surface, et si l'on arrache cet arbre quelques années après on trouve les racines enterrées profondément, mortes et prêtes à entrer en décomposition; il en serait de même des racines séminales du blé si cette plante devait rester deux années en terre.

Je laisse aux cultivateurs intelligents le soin de faire des expériences sur le terrain qu'ils cultivent, à fin d'apprécier avec sécurité. Cette question mérite d'être examinée sérieusement, par de l'ensemencement dépend souvent l'abondance des récoltes.

MODE

DE CULTURE ET D'ENSEMENCEMENT

Que je fais suivre sur les terres de la ferme du Gri-
ponneau, commune d'Aspières-en-Montagne, ap-
partenant à M. Poupier fils, de Semur.

Cette ferme se compose de 39 hectares environ de terre en culture et 1 hectare en bois;
elles sont un peu calcaire et contiennent de l'a-
lumine, de la silice, et un peu d'oxide de fer;
elles ont assez de consistance et s'attachent par
l'humidité à l'outil qui les cultivent. Adossées
aux bois, elles sont un peu froides, le fumier
de chevaux et moutons leur convient. On nomme ces sortes de terres *Rouget*; la propriété
qui se compose d'une seule pièce est traversée
par un chemin qui, n'ayant point été reconnu
vicinal, j'en ai fait enlever les terres sur une
longueur d'environ 600 mètres, puis je les ai
remplacées par des pierres provenant de débris
de nouvelles constructions, de défoncements de
places où avaient existés d'anciens bâtiments et
de défrichage d'environ 60 ares des meilleures
terres où la négligence des fermiers avait laissé
croître toutes espèces d'arbustes et d'épines. 300
mètres de longueur ont été ainsi empierrés sur
4 de largeur; ce chemin a 6 mètres de largeur, mais ses bords sont emplantés de jeunes

arbres, tels que : frênes, sicomores et érables
planent à distance de 6 mètres ; chacun d'eux
devra régler la largeur des billons pour la culture et l'ensemencement ; 450 pieds ont été
plantés tant sur le chemin que dans les lacunes
du petit bois qui, en temps de pluies, sert de
lieu de pacage aux moutons : ces arbres devant être tondus par tiers, chaque année, ce
qni servira à faire des feuillées pour les moutons en hiver.

Ensemencement de Prairies artificielles.

Dix hectares ont été ensemencés tant en automne 1838 qu'au printemps 1839 en sainfoin,
chicorée sauvage, pimprenelle et raigras ; cette
plante n'a point paru, les autres qui avaient été
mélangées sont de toute beauté et n'ont point
souffert de la sécheresse prolongée de 1839.

Trois hectares ont été ensemencés en sainfoin
pour être récoltés. Six hectares ensemencés dans
les premiers jours de septembre, en arroux ou
jarosses, sont de la plus belle espérance et cou-
vrent en décembre totalement le sol. Cette plante
présente un avantage marqué pour la culture en
montagne, tant pour l'abondance de sa graine,
que de son fourrage.

Ensemencement de Blés en 1839.

Onze hectares ont été ensemencés en blé sur

deux labours profonds de six pouces au moins et
sur terres fumées, mais qui avaient rapportés
des arroux, des vesces, trèfles ou pommes de
terre. Ces terres étant en parfait état de culture
et les raies un peu détachées, la semence a été
recouverte à la herse suivie du rouleau, elle se
trouve ainsi enterrée à un pouce ou un pouce et
demi de profondeur ; l'ensemencement d'une
grande régularité paraît avoir été fait au semoir,
les billons ont 6 à 7 mètres de largeur, et les raies
qui les séparent ont été recouvertes par l'oreille
de la charrue de crainte d'affaiblir la plante dans
cette partie.

Faisant semer dessus, je n'ai fait épargner
qu'un double décalitre et demi de graine par
hectare, préférant avoir la semence un peu
drüe afin de faire donner un hersage énergique
au printemps, lequel sera suivi du rouleau,
les blés sont de toute beauté. Ma méthode a été
suivie par quelques cultivateurs, sur partie de
leurs terres, ils en sont satisfaits ; il y a lieu
de penser qu'elle prendra de l'extension. Elle
offre l'avantage d'une pleine récolte sur toute la
superficie, tandis que par la méthode des petits
billons de cinq raies, en usage en montagne,
il y a perte d'un cinquième ; il y a économie
d'un double décalitre et demi de semence par
hectare, et l'on récolte en fourrage un quart
en sus par la facilité de faucher près de terre.

8

Assolement.

Le besoin de paille pour faire des fumiers, et de fourrages pour la nourriture des moutons me fera suivre, pendant deux années, la culture biennale de blé, arroux et pommes de terre, deux hectares seulement en avoine; après quoi, l'assolement de quatre années, sera suivi sur vingt hectares; le surplus sera en pâturage, dont treize hectares en sainfoin et six hectares en luzerne pour être récoltés annuellement.

Suit le Tableau.

TABLEAU.

TERRES EN CULTURE, 20 HECTARES. — ASSOLEMENT DE 4 ANS.

	1841.		1842.		1843.		1844.
N° 1.	Blé 5 hectares.	N° 1.	Pommes de terre sur blé 2 hec. 1/2. Arroux sur blé 2 hec. 1/2.	N° 1.	Avoine sur pommes de terre. 2 hec. 1/2. Blé sur arroux 2 hec. 1/2.	N° 1.	Trèfle ou arroux sur avoie 2 hec. 1/2. Arroux sur blé 2 hec. 1/2.
N° 2.	Pommes de terre sur blé 2 hec. 1/2. Arroux sur blé 2 hec. 1/2.	N° 2.	Avoine sur pommes de terre 2 hec. 1/2. Blé sur arroux 2 hec. 1/2.	N° 2.	Trèfle ou arroux sur avoine. 2 hec. 1/2. Arroux sur blé 2 hec. 1/2.	N° 2.	Blé sur trèfle et arroux 5 hec.
N° 3.	Avoine sur pommes de terre 2 hec. 1/2. Blé sur arroux 2 hec. 1/2.	N° 3.	Trèfle ou arroux sur avoine 2 hec. 1/2. Arroux sur blé 2 hec. 1/2.	N° 3.	Blé sur trèfle ou arroux 5 hec.	N° 3.	Pommes de terre sur blé 2 hec. 1/2. Arroux sur blé 2 hec. 1/2.
N° 4.	Trèfle ou arroux sur avoine 2 hec. 1/2. Arroux sur blé 2 hec. 1/2.	N° 4.	Blé sur trèfle et arroux 5 hec.	N° 4.	Pommes de terre sur blé 2 hec. 1/2. Arroux sur blé 2 hec. 1/2.	N° 4.	Avoine sur pommes de terre 2 hec. 1/2. Blé sur arroux 2 hec. 1/2.

En suivant la rotation conforme au tableau, les terres qui auront porté en 1844 des trèfles et arroux reprendront, en 1845, la place n° 1 en 1841 pour être ensemencé en blé, ainsi de suite, excepté les pommes de terre qui prendront la place des arroux, afin d'alterner cette plante épuisante qui ne reviendra sur le même terrain que chaque huitième année.

Chaque année, sur 20 hectares ensemencés, on en récoltera en blé 7 hect. 1/2, en avoine 2 hect. 1/2, en pommes de terre 2 hect. 1/2, en trèfle 2 hect. 1/2 et en arroux 5 hect.

Ces produits en fourrages et racines seront destinés à la nourriture du plus grand nombre possible de moutons, afin d'améliorer les terres qui en sont très susceptibles. On peut, par cet assolement, supprimer totalement et avantageusement la jachère. La culture des arroux permettra de tenir les terres en bon état aussi bien et peut-être mieux que la jachère; cette plante vient après l'avoine qui se sème en mars avec hersage; la terre sera de nouveau cultivée et hersée en septembre pour son ensemencement, les tiges couvrant la terre jusqu'à la fin de mai ne permettent pas aux herbes parasites de prendre de développement; après la récolte on peut labourer le terrain une ou deux fois s'il est nécessaire avant l'ensemencement du blé.

On récolte ordinairement sur les terres médiocres 6,000 de foin par hectare et surtout quantité de graine; sur les bonnes terres on récolte de 10 à 12 mille de foin, mais proportionnellement moins de graine. La récolte cette année a été d'un grand secours à cause du manque de trèfle ; la graine a servi à remplacer les jeunes trèfles semés cette année et qui ont péri par suite de la sécheresse. Les blés de la dernière récolte qui avaient été semés sur arroux étaient les plus beaux.

FIN.

www.ingramcontent.com/pod-product-compliance
Lightning Source LLC
Chambersburg PA
CBHW071152200326
41519CB00018B/5200